建筑与市政工程施工现场专业人员职业标准培训教材

施工员考核评价大纲及习题集
（市政方向）
（第二版）

本书编委会　编

中国建筑工业出版社

图书在版编目（CIP）数据

施工员考核评价大纲及习题集（市政方向）/《施工员考核评价大纲及习题集》编委会编. —2 版. —北京：中国建筑工业出版社，2017.7（2021.6 重印）
建筑与市政工程施工现场专业人员职业标准培训教材
ISBN 978-7-112-21059-6

Ⅰ.①施… Ⅱ.①施… Ⅲ.①市政工程-工程施工-职业培训-教学参考资料 Ⅳ.①TU7

中国版本图书馆 CIP 数据核字（2017）第 179951 号

本书为施工员考核评价大纲及习题集。第二版依据教材作了修订。全书分为两部分，第一部分为施工员（市政方向）考核评价大纲，由住房和城乡建设部人事司组织编写；第二部分为施工员（市政方向）习题集，分为通用与基础知识、岗位知识与专业技能两篇，共收录了约 1000 道习题和两套模拟试卷，习题和试卷均配有正确答案和解析。可供参加施工员培训考试的同志和相关专业工程技术人员练习使用。

* * *

责任编辑：朱首明　李　阳　李　明　李　杰
责任校对：李欣慰　刘梦然

建筑与市政工程施工现场专业人员职业标准培训教材

施工员考核评价大纲及习题集
（市政方向）
（第二版）

本书编委会　编

*

中国建筑工业出版社出版、发行（北京海淀三里河路 9 号）
各地新华书店、建筑书店经销
北京科地亚盟排版公司制版
廊坊市海涛印刷有限公司印刷

*

开本：787×1092 毫米　1/16　印张：14　字数：341 千字
2017 年 7 月第二版　　2021 年 6 月第十二次印刷
定价：**40.00** 元
ISBN 978 - 7 - 112 - 21059 - 6
（30680）

本书编委会

主　任：阚咏梅

副主任：艾伟杰

委　员：（按姓氏笔画排序）

王江涛　　王　鑫　　韦爱利　　朱吉顶　　危道军

刘延兵　　刘善安　　李　光　　李雪飞　　肖　硕

邹德勇　　张囡囡　　张庆丰　　张　彤　　张晓艳

张悠荣　　张鲁风　　苗云森　　赵泽红　　钱大治

徐　刚　　徐梦南　　徐　静　　高东旭　　郭　瑞

曹立纲　　曹安民　　董慧凝　　潘志强　　魏鸿汉

出 版 说 明

建筑与市政工程施工现场专业人员队伍素质是影响工程质量和安全生产的关键因素。我国从 20 世纪 80 年代开始，在建设行业开展关键岗位培训考核和持证上岗工作。对于提高建设行业从业人员的素质起到了积极的作用。进入 21 世纪，在改革行政审批制度和转变政府职能的背景下，建设行业教育主管部门转变行业人才工作思路，积极规划和组织职业标准的研发。在住房和城乡建设部人事司的主持下，由中国建设教育协会、苏州二建建筑集团有限公司等单位主编了建设行业的第一部职业标准——《建筑与市政工程施工现场专业人员职业标准》，已由住房和城乡建设部发布，作为行业标准于 2012 年 1 月 1 日起实施。为推动该标准的贯彻落实，进一步编写了配套的 14 个考核评价大纲。

该职业标准及考核评价大纲有以下特点：（1）系统分析各类建筑施工企业现场专业人员岗位设置情况，总结归纳了 8 个岗位专业人员核心工作职责，这些职业分类和岗位职责具有普遍性、通用性。（2）突出职业能力本位原则，工作岗位职责与专业技能相互对应，通过技能训练能够提高专业人员的岗位履职能力。（3）注重专业知识的完整性、系统性，基本覆盖各岗位专业人员的知识要求，通用知识具有各岗位的一致性，基础知识、岗位知识能够体现本岗位的知识结构要求。（4）适应行业发展和行业管理的现实需要，岗位设置、专业技能和专业知识要求具有一定的前瞻性、引导性，能够满足专业人员提高综合素质和适应岗位变化的要求。

为落实职业标准，规范建设行业现场专业人员岗位培训工作，我们依据与职业标准相配套的考核评价大纲，以《建筑与市政工程施工现场专业人员职业标准培训教材（第二版）》为依据，组织开发了各岗位的题库、题集。

第二版习题集是在上版的基础上，总结使用过程中发现的不足之处，参照现行标准、规范，面向国家考核评价题库，对习题集内容进行了调整、修改、补充，使之更贴近于考核评价，满足学员需求。

题集覆盖《建筑与市政工程施工现场专业人员职业标准》涉及的施工员、质量员、安全员、标准员、材料员、机械员、劳务员、资料员 8 个岗位。题集分为上下两篇，上篇为通用与基础知识部分习题，下篇为岗位知识与专业技能部分习题，每本题集收录了 1000 道左右习题，所有习题均配有答案和解析，上下篇各附有模拟试卷一套。可供参加相关岗位培训考试的专业人员练习使用。

题库建设中，教材主编及相关专家为我们提供了样题和部分试题，在此表示感谢！

作为行业现场专业人员第一个职业标准贯彻实施的配套教材，我们的编写工作难免存在不足，因此，我们恳请使用本套教材的培训机构、教师和广大学员多提宝贵意见，以便进一步的修订，使其不断完善。

目　　录

施工员
（市政方向）考核评价大纲

通 用 知 识

一、熟悉国家工程建设相关法律法规

（一）《建筑法》

1. 从业资格的有关规定

2. 建筑安全生产管理的有关规定

3. 建筑工程质量管理的有关规定

（二）《安全生产法》

1. 生产经营单位安全生产保障的有关规定

2. 从业人员权利和义务的有关规定

3. 安全生产监督管理的有关规定

4. 安全事故应急救援与调查处理的规定

（三）《建设工程安全生产管理条例》、《建设工程质量管理条例》

1. 施工单位安全责任的有关规定

2. 施工单位质量责任和义务的有关规定

（四）《劳动法》、《劳动合同法》

1. 劳动合同和集体合同的有关规定

2. 劳动安全卫生的有关规定

二、熟悉工程材料的基本知识

（一）无机胶凝材料

1. 无机胶凝材料的分类及其特性

2. 通用水泥的品种、主要技术性质及应用

3. 道路硅酸盐水泥、市政工程常用特性水泥的特性及应用

（二）混凝土

1. 混凝土的分类及主要技术性质

2. 普通混凝土的组成材料及其主要技术要求

3. 高性能混凝土、预拌混凝土的特性及应用

4. 常用混凝土外加剂的品种及应用

（三）砂浆

1. 砌筑砂浆的分类及主要技术性质

2. 砌筑砂浆的组成材料及其主要技术要求

（四）石材、砖

1. 砌筑用石材的分类及应用

2. 砖的分类、主要技术要求及应用

（五）钢材

1. 钢材的分类及主要技术性能

2. 钢结构用钢材的品种及特性

3. 钢筋混凝土结构用钢材的品种及特性

（六）沥青材料及沥青混合料

1. 沥青材料的分类、技术性质及应用

2. 沥青混合料的分类、组成材料及其主要技术要求

三、掌握施工图识读、绘制的基本知识

（一）施工图的基本知识

1. 市政工程施工图的组成及作用

2. 市政工程施工图的图示特点

（二）施工图的图示方法及内容

1. 城镇道路工程施工图的图示方法及内容

2. 城市桥梁工程施工图的图示方法及内容

3. 市政管道工程施工图的图示方法及内容

（三）施工图的绘制与识读

1. 市政工程施工图绘制的步骤与方法

2. 市政工程施工图识读的步骤与方法

四、熟悉工程施工工艺和方法

（一）城镇道路工程

1. 常用湿软地基处理方法及应用范围

2. 路堤填筑施工工艺

3. 路堑开挖施工工艺

4. 基层施工工艺

5. 垫层施工工艺

6. 沥青类路面面层施工工艺

7. 水泥混凝土路面面层施工工艺

（二）城市桥梁工程

1. 常见模板的种类、特性及安拆施工要点

2. 钢筋工程施工工艺

3. 混凝土工程施工工艺

4. 基础施工工艺

5. 墩台施工工艺

6. 简支梁桥施工工艺

7. 连续梁桥施工工艺

8. 桥面系施工工艺

（三）市政管道工程

1. 人工和机械挖槽施工工艺

2. 沟槽支撑施工工艺

3. 管道铺设施工工艺

4. 管道接口施工工艺

五、熟悉工程项目管理的基本知识

（一）施工项目管理的内容及组织

1. 施工项目管理的内容

2. 施工项目管理的组织

（二）施工项目目标控制

1. 施工项目目标控制的任务

2. 施工项目目标控制的措施

（三）施工资源与现场管理

1. 施工资源管理的任务和内容

2. 施工现场管理的任务和内容

基 础 知 识

一、熟悉市政工程相关的力学知识

（一）平面力系

1. 力的基本性质

2. 力矩、力偶的性质

3. 平面力系的平衡方程及应用

（二）静定结构的杆件内力

1. 单跨静定梁的内力计算

2. 多跨静定梁的内力分析

3. 静定平面桁架的内力分析

（三）杆件强度、刚度和稳定性的概念

1. 杆件变形的基本形式

2. 应力、应变的概念

3. 杆件强度的概念

4. 杆件刚度和压杆稳定性的概念

二、熟悉市政道路、桥梁和管道的构造、结构基本知识

（一）城镇道路基本知识

1. 城镇道路的组成和特点

2. 城镇道路的分类与路网的基本知识

3. 城镇道路线形组合基本知识

4. 路基、路面工程构造

5. 道路附属工程

（二）城市桥梁基本知识

1. 城市桥梁的基本概念和组成

2. 城市桥梁的分类与构造

3. 城市桥梁结构的基本知识

（三）市政管道基本知识

1. 市政管道系统的基本知识

2. 市政管渠的材料接口及管道基础

3. 市政管渠的附属构筑物

三、熟悉市政工程预算基本知识

（一）市政工程定额基本知识

1. 市政定额分类

2. 市政工程定额分部分项工程划分

（二）工程计量

1. 土石方工程工程量计算

2. 道路工程工程量计算

3. 桥涵工程量计算

4. 市政管网工程量计算

5. 钢筋工程量计算

（三）工程造价计价

1. 工程造价构成

2. 工程造价的定额计价基本知识

3. 工程造价的工程量清单计价基本知识

四、熟悉计算机和相关资料信息管理软件的应用知识

1. Office 应用知识

2. AutoCAD 应用知识

3. 常见资料管理软件的应用知识

五、熟悉市政工程施工测量的基本知识

（一）控制测量

1. 水准仪、经纬仪、全站仪、测距仪的使用

2. 水准、距离、角度测量的原理和要点

3. 导线测量和高程控制测量概念及应用

（二）市政工程施工测量

1. 测设的基本工作

2. 已知坡度直线的测设

3. 线路测量

岗 位 知 识

一、熟悉市政工程相关的管理规定和标准

（一）施工现场安全生产的管理规定

1. 施工作业人员安全生产权利和义务的规定

2. 安全技术措施、专项施工方案和安全技术交底的规定

3. 危险性较大的分部分项工程安全管理的规定

（二）市政工程施工的相关管理规定

1. 占用或挖掘城市道路施工的规定

2. 保护城市绿地、树木花草和绿化设施的规定

3. 房屋建筑和市政基础设施工程质量监督内容的规定

4. 实施工程建设强制性标准监督内容、方式、违规处罚的规定

（三）建筑与市政工程施工质量验收标准和规范

1.《建筑工程施工质量验收统一标准》中关于建筑工程质量验收的划分、合格判定以及质量验收的程序和组织的要求

2. 城镇道路工程施工与质量验收的要求

3. 城市桥梁工程施工与质量验收的要求

4. 市政给水排水管道工程验收的要求

二、掌握市政工程施工组织设计及专项施工方案的内容和编制方法

（一）市政工程施工组织设计的内容和编制方法

1. 施工组织设计的内容

2. 施工组织设计的编制方法

（二）市政工程专项施工方案的内容和编制方法

1. 专项施工方案的内容和编制方法

2. 危险性较大工程专项施工方案的内容和编制方法

（三）市政施工技术要求

1. 地基基础工程施工技术要求

2. 城镇道路路面工程施工技术要求

3. 城市桥梁主体结构工程施工技术要求

4. 开槽施工市政给排水管道安装工程施工技术要求

三、掌握市政工程施工进度计划的编制方法

（一）施工进度计划的类型及其作用

1. 施工进度计划的类型

2. 控制性进度计划的作用

3. 实施性施工进度计划的作用

（二）施工进度计划的表达方法

1. 横道图进度计划的编制方法

2. 网络计划的基本概念与识读

（三）施工进度计划的编制步骤

1. 施工过程划分与工程量计算

2. 劳动量及机械台班量的确定

3. 施工过程时间的确定与进度计划初排

4. 施工进度计划的平衡与优化

（四）施工进度计划的检查与调整

1. 施工进度计划的检查方法

2. 施工进度计划的调整方法

四、熟悉市政工程环境与职业健康安全的管理知识

（一）文明施工与现场环境保护的要求

1. 文明施工的要求

2. 施工现场环境保护的措施

3. 施工现场环境事故的处理

（二）市政工程施工安全危险源分类及防范的重点

1. 施工安全危险源的分类

2. 施工安全危险源防范重点的确定

（三）市政工程施工安全事故的分类与处理

1. 施工安全事故的分类

2. 施工安全事故报告和调查处理

五、熟悉市政工程质量管理的基本知识

（一）质量管理的基本概念与市政工程质量管理的特点

1. 质量管理的基本概念

2. 市政工程质量管理的特点

（二）施工过程质量控制的内容与方法

1. 质量控制的基本内容和要求

2. 施工过程质量控制的基本程序、基本方法、质量控制点的确定

（三）施工质量问题的处理方法

1. 施工质量问题的分类

2. 施工质量问题的产生原因分析

3. 施工质量问题的处理方法

六、熟悉工程成本管理的基本知识

（一）市政工程施工成本的概念与影响因素

1. 工程成本的构成及管理特点

2. 施工成本的影响因素

（二）市政工程施工成本控制的基本内容和要求

1. 施工成本控制的基本内容

2. 施工成本控制的基本要求

（三）市政工程施工过程中成本控制的步骤和措施

1. 施工过程成本控制的步骤

2. 施工过程成本控制的措施

七、了解常用施工机械机具的性能

1. 推土机械、铲运机械、挖土机械等土方工程施工机械的主要技术性能

2. 沥青摊铺机械、振动压路机械、静压压路机械等路面施工机械的主要技术性能

3. 旋挖钻机、循环钻机、长螺旋钻机、冲击钻机等桩基机械的主要技术性能

4. 混凝土搅拌机械、混凝土运输机械、混凝土振捣机具、混凝土泵等混凝土工程施工机械机具的主要技术性能

5. 汽轮吊、履带吊、龙门吊等起重机械的主要技术性能

专 业 技 能

一、能够参与编制施工组织设计和专项施工方案

1. 编制城镇道路分项工程施工组织设计

2. 编制城市桥梁分项工程施工组织设计

3. 编制开槽施工市政给排水管线分项工程施工组织设计

4. 编制深基坑（槽）工程专项施工方案

5. 编制城市桥梁模板支架工程专项施工方案

二、能够识读施工图和其他工程设计、施工等文件

1. 识读城镇道路工程定位图、平面图和纵断图、结构图

2. 识读城市桥梁工程基础施工图、结构施工图

3. 识读开槽施工给排水管道工程基础施工图、管道安装图

三、能够编写技术交底文件，并实施技术交底

1. 编写土方工程、砖石基础工程、混凝土基础及桩基工程技术交底文件并实施交底

2. 编写基坑（槽）验槽及局部不良地基处理技术交底文件并实施交底

3. 编写道路基层结构、沥青混凝土结构、混凝土结构、砌体结构、钢结构施工技术交底并实施交底

4. 编写市政给水管道、排水管道工程技术交底文件并实施交底

四、能够正确使用测量仪器，进行施工测量

1. 使用测量仪器，进行施工定位测量

2. 使用测量仪器，进行施工测量复核

五、能够正确划分施工区段，合理确定施工顺序

1. 划分城镇道路、城市桥梁、开槽施工给排水管道工程施工区段
2. 确定城镇道路、城市桥梁、开槽施工给排水管道工程施工顺序

六、能够进行资源平衡计算，参与编制施工进度计划及资源需求计划，控制调整计划

1. 应用横道图方法编制城镇道路、城市桥梁、开槽施工给排水管道工程施工进度计划
2. 进行资源平衡计算，编制资源需求量计划
3. 检查工程施工进度计划实施，调整工程施工进度计划

七、能够进行市政工程工程量计算及初步的工程计价

1. 计算道路、桥梁、开槽施工给排水管道工程的工程量
2. 利用工程量清单计价法进行综合单价的计算

八、能够确定施工质量控制点，参与编制质量控制文件、实施质量交底

1. 确定土方工程、砖石基础工程、混凝土基础及桩基工程施工质量控制点，为编制质量控制文件、实施质量交底提供资料
2. 确定模板工程、钢筋工程、混凝土工程、城市桥梁预应力工程施工质量控制点，为编制质量控制文件、实施质量交底提供资料
3. 确定垫层结构工程、基层结构工程、沥青混合料面层结构工程等城镇道路路面施工质量控制点，为编制质量控制文件、实施质量交底提供资料
4. 确定混凝土管道安装工程、钢管道安装工程、化学管材管道安装工程等给排水管道开槽施工质量控制点，为编制质量控制文件、实施质量交底提供资料

九、能够确定市政工程施工安全防范重点，参与编制职业健康安全与环境技术文件、实施安全与环境交底

1. 确定脚手架安全防范重点，为编制安全技术文件并实施交底提供资料
2. 确定模板工程安全防范重点，为编制安全技术文件并实施交底提供资料
3. 确定城市桥梁预应力安全防范重点，为编制安全技术文件并实施交底提供资料
4. 确定基坑（槽）支护安全防范重点，为编制安全技术文件并实施交底提供资料
5. 确定城市桥梁桩基工程安全防范重点，为编制安全技术文件并实施交底提供资料
6. 确定吊装作业安全防范重点，为编制安全技术文件并实施交底提供资料
7. 确定施工用电安全防范重点，为编制安全技术文件并实施交底提供资料
8. 确定高处作业安全防范重点，为编制安全技术文件并实施交底提供资料

十、能够识别、分析市政工程质量缺陷和危险源

1. 识别、分析开槽施工管道基础工程、桥梁钢筋工程、桥梁混凝土工程、桥梁预应

力工程、道路沥青混合料面层工程、道路半刚性基层工程的质量缺陷，分析产生原因

    2. 识别施工现场与人的不安全行为有关的危险源，分析产生原因

    3. 识别施工现场与物的不安全状态有关的危险源，分析产生原因

    4. 识别施工现场与管理缺失有关的危险源，分析产生原因

十一、能够参与施工质量、职业健康安全与环境问题的调查分析

    1. 分析判断施工质量问题的类别、原因和责任

    2. 分析判断安全问题的类别、原因和责任

    3. 分析判断环境问题的类别、原因和责任

十二、能够记录施工情况，编制相关工程技术资料

    1. 填写施工日志，编写施工记录

    2. 编制分部分项工程施工技术资料、管理资料

十三、能够利用专业软件对工程信息资料进行处理

    1. 进行施工信息资料录入、输出与汇编

    2. 进行施工信息资料加工处理

施工员

（市政方向）习题集

第一章　建 设 法 规

一、判断题

1.《建筑法》的立法目的在于加强对建筑活动的监督管理，维护建筑市场秩序，保证建筑工程的质量和安全，促进建筑业健康发展。

【答案】正确

【解析】《建筑法》的立法目的在于加强对建筑活动的监督管理，维护建筑市场秩序，保证建筑工程的质量和安全，促进建筑业健康发展。

2. 建筑业企业资质，是指建筑业企业的建设业绩、人员素质、管理水平、资金数量、技术装备等的总称。

【答案】正确

【解析】建筑业企业资质，是指建筑业企业的建设业绩、人员素质、管理水平、资金数量、技术装备等的总称。

3. 房屋建筑工程施工总承包二级企业可以承揽单项建安合同额不超过企业注册资本金 5 倍的 28 层及以下、单跨跨度 36m 及以下的房屋建筑工程。

【答案】错误

【解析】房屋建筑工程施工总承包二级企业可以承包工程范围如下：可承担下列建筑工程的施工：高度 200m 及以下的工业、民用建筑工程；高度 120m 及以下的构筑物工程；建筑面积 4 万 m² 及以下的单体工业、民用建筑工程；单跨跨度 39m 及以下的建筑工程。

4. 劳务分包企业依法只能承接施工总承包企业分包的劳务作业。

【答案】错误

【解析】施工劳务企业可以承接各类劳务作业。

5.《建筑法》第 36 条规定：建筑工程安全生产管理必须坚持安全第一、预防为主的方针。其中安全第一是安全生产方针的核心。

【答案】错误

【解析】《建筑法》第 36 条规定：建筑工程安全生产管理必须坚持安全第一、预防为主的方针。"安全第一"是安全生产方针的基础；"预防为主"是安全生产方针的核心和具体体现，是实现安全生产的根本途径，生产必须安全，安全促进生产。

6. 群防群治制度是建筑生产中最基本的安全管理制度，是所有安全规章制度的核心，是安全第一、预防为主方针的具体体现。

【答案】错误

【解析】安全生产责任是建筑生产中最基本的安全管理制度，是所有安全规章制度的核心，是安全第一、预防为主方针的具体体现。

7. 在建设工程竣工验收后，在规定的保修期限内，因勘察、设计、施工、材料等原因造成的质量缺陷，应当由责任单位负责维修、返工或更换。

【答案】错误

【解析】建设工程质量保修制度，是指在建设工程竣工验收后，在规定的保修期限内，因勘察、设计、施工、材料等原因造成的质量缺陷，应当由施工承包单位负责维修、返工或更换，由责任单位负责赔偿损失的法律制度。

8. 生产经营单位使用的危险物品的容器、运输工具，以及涉及人身安全、危险性较大的海洋石油开采特种设备和矿山井下特种设备，应经国务院指定的检测、检验机构检测、检验合格后，方可投入使用。

【答案】错误

【解析】《安全生产法》第34条规定：生产经营单位使用的危险物品的容器、运输工具，以及涉及人身安全、危险性较大的海洋石油开采特种设备和矿山井下特种设备，必须按照国家有关规定，由专业生产单位生产，并经取得专业资质的检测、检验机构检测、检验合格，取得安全使用证或者安全标志，方可投入使用。检测、检验机构对检测、检验结果负责。

9. 危险物品的生产、经营、储存单位以及矿山、金属冶炼、建筑施工、道路运输单位的主要负责人和安全生产管理人员，应当缴费参加由有关部门对其安全生产知识和管理能力考核合格后方可任职。

【答案】错误

【解析】《安全生产法》第24条规定：危险物品的生产、经营、储存单位以及矿山、金属冶炼、建筑施工、道路运输单位的主要负责人和安全生产管理人员，应当由主管的负有安全生产监督管理职责的有关部门对其安全生产知识和管理能力考核合格后方可任职。考核不得收费。

10. 从业人员发现直接危及人身安全的紧急情况时，应先把紧急情况完全排除经主管单位允许后撤离作业场所。

【答案】错误

【解析】《安全生产法》第52条规定：从业人员发现直接危及人身安全的紧急情况时，有权停止作业或者在采取可能的应急措施后撤离作业场所。

11. 从业人员发现直接危及人身安全的紧急情况时，未经主管单位允许停止作业后，生产经营单位有权降低其工资、福利等待遇。

【答案】错误

【解析】《安全生产法》第52条规定：从业人员发现直接危及人身安全的紧急情况时，有权停止作业或者在采取可能的应急措施后撤离作业场所。生产经营单位不得因从业人员在前款紧急情况下停止作业或者采取紧急撤离措施而降低其工资、福利等待遇或者解除与其订立的劳动合同。

12. 国务院建设行政主管部门对全国建设工程安全生产工作实施综合监督管理。

【答案】正确

【解析】国务院建设行政主管部门对全国建设工程安全生产工作实施综合监督管理。

13. 安全生产监督管理部门和其他负有安全生产监督管理职责的部门对有根据认为不

符合保障安全生产的国家标准或者行业标准的设施、设备、器材以及违法生产、储存、使用、经营危险物品予以查封或者扣押，对违法生产、储存、使用、经营危险物品的作业场所予以查封，并依法做出处理决定。

【答案】正确

【解析】《安全生产法》第 61 条规定：安全生产监督管理部门和其他负有安全生产监督管理职责的部门依法开展安全生产行政执法工作，对生产经营单位执行有关安全生产的法律、法规和国家标准或者行业标准的情况进行监督检查，行使以下职权：①进入生产经营单位进行检查，调阅有关资料，向有关单位和人员了解情况；②对检查中发现的安全生产违法行为，当场予以纠正或者要求限期改正；对依法应当给予行政处罚的行为，依照本法和其他有关法律、行政法规作出行政处罚决定；③对检查中发现的事故隐患，应当责令立即排除；重大事故隐患排除前或者排除过程中无法保障安全的，应当责令从危险区域内撤出作业人员，责令暂时停产停业或者停止使用；重大事故隐患排除后，经审查同意，方可恢复生产经营和使用；④对有根据认为不符合保障安全生产的国家标准或者行业标准的设施、设备、器材以及违法生产、储存、使用、经营危险物品予以查封或者扣押，对违法生产、储存、使用、经营危险物品的作业场所予以查封，并依法做出处理决定。

14. 生产经营单位发生生产安全事故后，事故现场相关人员应当立即报告施工项目经理。

【答案】错误

【解析】根据《安全生产法》规定：生产经营单位发生生产安全事故后，事故现场相关人员应当立即报告本单位负责人。

15.《安全生产法》第 81 条规定：有关地方人民政府和负有安全生产监督管理职责的部门负责人接到特别重大生产安全事故报告后，应当立即赶到事故现场，组织事故抢救。

【答案】错误

【解析】《安全生产法》第 81 条规定：有关地方人民政府和负有安全生产监督管理职责的部门负责人接到重大生产安全事故报告后，应当立即赶到事故现场，组织事故抢救。

16. 建设工程施工前，施工单位负责该项目管理的施工员应当对有关安全施工的技术要求向施工作业班组、作业人员做出详细说明，并由双方签字确认。

【答案】正确

【解析】《安全生产管理条例》第 27 条规定，建设工程施工前，施工单位负责该项目管理的技术人员应当对有关安全施工的技术要求向施工作业班组、作业人员做出详细说明，并由双方签字确认。

17. 施工单位应当在施工现场入口处、施工起重机械、临时用电设施、脚手架等危险部位，设置明显的安全警示标志。

【答案】正确

【解析】《安全生产管理条例》第 28 条规定：施工单位应当在施工现场入口处、施工起重机械、临时用电设施、脚手架、出入通道口、楼梯口、电梯井口、孔洞口、桥梁口、隧道口、基坑边沿、爆炸物及有害危险气体和液体存放处等危险部位，设置明显的安全警示标志。

18. 施工单位可以在尚未竣工的建筑物内设置员工集体宿舍。

【答案】错误

【解析】《安全生产管理条例》第29条规定：施工单位不得在尚未竣工的建筑物内设置员工集体宿舍。

19. 施工单位必须按照工程设计要求、施工技术标准和合同约定，对建筑材料、建筑构配件、设备和商品混凝土进行检验，检验应当有书面记录；未经检验或者检验不合格的，不得使用。

【答案】错误

【解析】《质量管理条例》第29条规定：施工单位必须按照工程设计要求、施工技术标准和合同约定，对建筑材料、建筑构配件、设备和商品混凝土进行检验，检验应当有书面记录和专人签字；未经检验或者检验不合格的，不得使用。

20. 已建立劳动关系，未同时订立书面劳动合同的，应当自用工之日起一个月内订立书面劳动合同。

【答案】正确

【解析】《劳动合同法》第19条规定：建立劳动关系，应当订立书面劳动合同。已建立劳动关系，未同时订立书面劳动合同的，应当自用工之日起一个月内订立书面劳动合同。

21. 某建筑施工单位聘请张某担任钢筋工，双方签订劳动合同，约定劳动试用期4个月，4个月后再确定劳动合同期限。

【答案】错误

【解析】《劳动合同法》第19条规定：劳动合同期限3个月以上不满1年的，试用期不得超过1个月；劳动合同期限1年以上不满3年的，试用期不得超过2个月；3年以上固定期限和无固定期限的劳动合同，试用期不得超过6个月。

二、单选题

1. 建设法规是指国家立法机关或其授权的行政机关制定的旨在调整国家及其有关机构、企事业单位、（　　）之间，在建设活动中或建设行政管理活动中发生的各种社会关系的法律、法规的统称。

A. 社区　　　　　　　　　　　　B. 市民

C. 社会团体、公民　　　　　　　D. 地方社团

【答案】C

【解析】建设法规是指国家立法机关或其授权的行政机关制定的旨在调整国家及其有关机构、企事业单位、社会团体、公民之间，在建设活动中或建设行政管理活动中发生的各种社会关系的法律、法规的统称。

2. 建设法律的制定通过部门是（　　）。

A. 全国人民代表大会及其常务委员会　　B. 国务院

C. 国务院常务委员会　　　　　　　　　D. 国务院建设行政主管部门

【答案】A

【解析】建设法律是指由全国人民代表大会及其常务委员会制定通过，由国家主席以主席令的形式发布的属于国务院建设行政主管部门业务范围的各项法律。

3. 下列各选项中，不属于《建筑法》规定约束的是（　　）。

A. 建筑工程发包与承包　　　　　　B. 建筑工程涉及的土地征用

C. 建筑安全生产管理　　　　　　　D. 建筑工程质量管理

【答案】B

【解析】《建筑法》共8章85条，分别从建筑许可、建筑工程发包与承包、建筑工程管理、建筑安全生产管理、建筑工程质量管理等方面作出了规定。

4. 在我国，施工总承包资质划分为房屋建筑工程、公路工程等（　　）个资质类别。

A. 10　　　　　　B. 12　　　　　　C. 13　　　　　　D. 36

【答案】B

【解析】施工总承包资质分为12个资质类别，专业承包资质分为36个类别，劳务分包资质分为13个类别。

5. 建筑业企业资质等级，是由（　　）按资质条件把企业划分成的不同等级。

A. 国务院行政主管部门　　　　　　B. 省级行政主管部门

C. 地方行政主管部门　　　　　　　D. 行业行政主管部门

【答案】A

【解析】建筑业企业各资质等级标准和各类别等级资质企业承担工程的具体范围，由国务院建设主管部门会同国务院有关部门制定。

6. 城市及道路照明工程专业承包资质等级分为（　　）。

A. 一、二、三级　　　　　　　　　B. 不分等级

C. 二、三级　　　　　　　　　　　D. 一、二级

【答案】A

【解析】如部分专业承包企业资质等级表所示：城市及道路照明工程分为一、二、三级。

7. 以下各项中，除（　　）之外，均是建筑工程施工总承包三级企业可以承担的。

A. 高度70m以下的构筑物

B. 建筑面积1.2万 m^2 以下的单体工业、民用建筑工程

C. 单跨跨度27m以下的建筑工程

D. 单项建安合同额不超过企业注册资本金5倍的建筑面积8万 m^2 的住宅小区

【答案】D

【解析】建筑工程施工总承包三级企业可承担下列建筑工程的施工：①高度50m以内的建筑工程；②高度70m以下的构筑物工程；③建筑面积1.2万 m^2 以下的单体工业、民用建筑工程；④单跨跨度27m以下的建筑工程。

8. 以下关于市政公用工程规定的施工总承包特级企业可以承包工程范围的说法中，正确的是（　　）。

A. 单项合同额4000万元以下的市政综合工程

B. 中压以下燃气管道、调压站

C. 各种类市政公用工程的施工

D. 断面25m² 以下隧道工程和地下交通单项合同额不超过企业注册资本金5倍的各类城市生活垃圾处理工程

【答案】C

【解析】市政公用工程施工总承包特级企业可以承包工程范围如下：可承担各种类市政公用工程的施工。

9. 以下关于市政公用工程规定的施工总承包一级企业可以承包工程范围的说法中，错误的是（　　）。

　　A. 各类城市道路工程

　　B. 中压以下燃气管道

　　C. 各类城市生活垃圾处理工程

　　D. 单项合同额 5000 万元以下的市政综合工程

【答案】D

【解析】市政公用工程施工总承包一级企业可承担下列市政公用工程的施工：①各类城市道路；单跨 45m 以下的城市桥梁；②15 万 t/d 以下的供水工程；10 万 t/d 以下的污水处理工程；25 万 t/d 以下的给水泵站、15 万 t/d 以下的污水泵站、雨水泵站；各类给排水及中水管道工程；③中压以下燃气管道、调压站；供热面积 150 万 m^2 以下热力工程和各类热力管道工程；④各类城市生活垃圾处理工程；⑤断面 25m^2 以下隧道工程和地下交通工程；⑥各类城市广场、地面停车场硬质铺装；⑦单项合同额 4000 万元以下的市政综合工程。

10. 建筑工程安全生产管理必须坚持安全第一、预防为主的方针。预防为主体现在建筑工程安全生产管理的全过程中，具体是指（　　）、事后总结。

　　A. 事先策划、事中控制　　　　　　　B. 事前控制、事中防范

　　C. 事前防范、监督策划　　　　　　　D. 事先策划、全过程自控

【答案】A

【解析】"预防为主"体现在事先策划、事中控制、事后总结，通过信息收集，归类分析，制定预案，控制防范。

11. 以下关于建设工程安全生产基本制度的说法中，正确的是（　　）。

　　A. 群防群治制度是建筑生产中最基本的安全管理制度

　　B. 建筑施工企业应当对直接施工人员进行安全教育培训

　　C. 安全检查制度是安全生产的保障

　　D. 施工中发生事故时，建筑施工企业应当及时清理事故现场并向建设单位报告

【答案】C

【解析】安全生产责任制度是建筑生产中最基本的安全管理制度，是所有安全规章制度的核心，是安全第一、预防为主方针的具体体现。群防群治制度也是"安全第一、预防为主"的具体体现，同时也是群众路线在安全工作中的具体体现，是企业进行民主管理的重要内容。《建筑法》第 51 条规定，施工中发生事故时，建筑施工企业应当采取紧急措施减少人员伤亡和事故损失，并按照国家有关规定及时向有关部门报告。安全检查制度是安全生产的保障。

12. 建设工程项目的竣工验收，应当由（　　）依法组织进行。

　　A. 建设单位　　　　　　　　　　　　B. 建设单位或有关主管部门

　　C. 国务院有关主管部门　　　　　　　D. 施工单位

【解析】建设工程项目的竣工验收，指在建筑工程已按照设计要求完成全部施工任务，准备交付给建设单位使用时，由建设单位或有关主管部门依照国家关于建筑工程竣工验收制度的规定，对该项工程是否符合设计要求和工程质量标准所进行的检查、考核工作。

13. 在建设工程竣工验收后，在规定的保修期限内，因勘察、设计、施工、材料等原因造成的质量缺陷，应当由（　　）负责维修、返工或更换。

A. 建设单位　　　　　　　　　　B. 监理单位

C. 责任单位　　　　　　　　　　D. 施工承包单位

【答案】D

【解析】建设工程质量保修制度，是指在建设工程竣工验收后，在规定的保修期限内，因勘察、设计、施工、材料等原因造成的质量缺陷，应当由施工承包单位负责维修、返工或更换，由责任单位负责赔偿损失的法律制度。

14. 根据《建筑法》的规定，以下属于保修范围的是（　　）。

A. 供热、供冷系统工程　　　　　B. 因使用不当造成的质量缺陷

C. 因第三方造成的质量缺陷　　　D. 不可抗力造成的质量缺陷

【答案】A

【解析】《建筑法》第62条规定，建筑工程实行质量保修制度。同时，还对质量保修的范围和期限作了规定：建筑工程的保修的范围应当包括地基基础工程、主体结构工程、屋面防水工程和其他土建工程，以及电气管线、上下水管线的安装工程，供热、供冷系统工程等项目。

15. 以下关于生产经营单位的主要负责人的职责的说法中，错误的是（　　）。

A. 建立、健全本单位安全生产责任制

B. 保证本单位安全生产投入的有效实施

C. 根据本单位的生产经营特点，对安全生产状况进行经常性检查

D. 组织制定并实施本单位的生产安全事故应急救援预案

【答案】C

【解析】《安全生产法》第18条规定：生产经营单位的主要负责人对本单位安全生产工作负有下列职责：1) 建立、健全本单位安全生产责任制；2) 组织制定本单位安全生产规章制度和操作规程；3) 组织制定并实施本单位安全生产教育和培训计划；4) 保证本单位安全生产投入的有效实施；5) 督促、检查本单位的安全生产工作，及时消除生产安全事故隐患；6) 组织制定并实施本单位的生产安全事故应急救援预案；7) 及时、如实报告生产安全事故。

16. 下列关于矿山建设项目和用于生产、储存危险物品的建设项目的说法中，正确的是（　　）。

A. 安全设计应当按照国家有关规定报经有关部门审查

B. 竣工投入生产或使用前，由监理单位进行验收并对验收结果负责

C. 涉及生命安全、危险性较大的特种设备的目录应由国务院建设行政主管部门制定

D. 安全设施设计的审查结果由建设单位负责

【答案】A

【解析】《安全生产法》第 30 条规定：矿山、金属冶炼建设项目和用于生产、储存危险物品的建设项目的安全设施设计应当按照国家有关规定报经有关部门审查，审查部门及其负责审查的人员对审查结果负责。《安全生产法》第 31 条规定：矿山、金属冶炼建设项目和用于生产、储存危险物品的建设项目竣工投入生产或使用前，应当由建设单位负责组织对安全设施进行验收；验收合格后，方可投入生产和使用。安全生产监督管理部门应当加强对建设单验收活动和验收结果的监督核查。《安全生产法》第 34 条规定：生产经营单位使用的危险物品的容器、运输工具，以及涉及生命安全、危险性较大的海洋石油开采特种设备和矿山井下特种设备，必须按照国家有关规定，由专业生产单位生产，并经取得专业资质的检测、检验机构检测、检验合格，取得安全使用证或者安全标志，方可投入使用。检测、检验机构对检测、检验结果负责。

17. 下列关于生产经营单位安全生产保障的说法中，正确的是（　　）。

A. 生产经营单位可以将生产经营项目、场所、设备发包给建设单位指定认可的不具有相应资质等级的单位或个人

B. 生产经营单位的特种作业人员经过单位组织的安全作业培训方可上岗作业

C. 生产经营单位必须依法参加工伤社会保险，为从业人员缴纳保险费

D. 生产经营单位仅需要为工业人员提供劳动防护用品

【答案】C

【解析】《安全生产法》第 46 条规定：生产经营单位不得将生产经营项目、场所、设备发包或出租给不具备安全生产条件或者相应资质条件的单位或个人。《安全生产法》第 27 条规定：生产经营单位的特种作业人员必须按照国家有关规定经专门的安全作业培训，取得特种作业操作资格证书，方可上岗作业。《安全生产法》第 42 条规定：生产经营单位必须为从业人员提供符合国家标准或者行业标准的劳动防护用品，并监督、教育从业人员按照使用规则佩戴、使用。《安全生产法》第 48 条规定：生产经营单位必须依法参加工伤社会保险，为从业人员缴纳保险费。

18. 下列措施中，不属于生产经营单位安全生产保障措施中经济保障措施的是（　　）。

A. 保证劳动防护用品、安全生产培训所需要的资金

B. 保证工伤社会保险所需要的资金

C. 保证安全设施所需要的资金

D. 保证员工食宿设备所需要的资金

【答案】D

【解析】生产经营单位安全生产经济保障措施指的是保证安全生产所必需的资金，保证安全设施所需要的资金，保证劳动防护用品、安全生产培训所需要的资金，保证工伤社会保险所需要的资金。

19. 当从业人员发现直接危及人身安全的紧急情况时，有权停止作业或在采取可能的应急措施后撤离作业场所，这里的权是指（　　）。

A. 拒绝权　　　　　　　　　　B. 批评权和检举、控告权

C. 紧急避险权　　　　　　　　D. 自我保护权

【答案】C

【解析】从业人员发现直接危及人身安全的紧急情况时，有权停止作业或者在采取可

能的应急措施后撤离作业场所。生产经营单位不得因此而降低其工资、福利等待遇或者解除与其订立的劳动合同。

20. 以下不属于生产经营单位的从业人员的范畴的是（　　）。

A. 技术人员　　　　　　　　　　B. 临时聘用的钢筋工

C. 管理人员　　　　　　　　　　D. 监督部门视察的监管人员

【答案】D

【解析】生产经营单位的从业人员，是指该单位从事生产经营活动各项工作的所有人员，包括管理人员、技术人员和各岗位的工人，也包括生产经营单位临时聘用的人员。

21. 下列关于负有安全生产监督管理职责的部门行使职权的说法，错误的是（　　）。

A. 进入生产经营单位进行检查，调阅有关资料，向有关单位和人员了解情况

B. 重大事故隐患排除后，即可恢复生产经营和使用

C. 对检查中发现的安全生产违法行为，当场予以纠正或者要求限期改正

D. 对检查中发现的事故隐患，应当责令立即排除

【答案】B

【解析】《安全生产法》第61条规定：安全生产监督管理部门和其他负有安全生产监督管理职责的部门依法开展安全生产行政执法工作，对生产经营单位执行有关安全生产的法律、法规和国家标准或者行业标准的情况进行监督检查，行使以下职权：1）进入生产经营单位进行检查，调阅有关资料，向有关单位和人员了解情况；2）对检查中发现的安全生产违法行为，当场予以纠正或者要求限期改正；对依法应当给予行政处罚的行为，依照本法和其他有关法律、行政法规作出行政处罚决定；3）对检查中发现的事故隐患，应当责令立即排除；重大事故隐患排除前或者排除过程中无法保障安全的，应当责令从危险区域内撤出作业人员，责令暂时停产停业或者停止使用；重大事故隐患排除后，经审查同意，方可恢复生产经营和使用；4）对有根据认为不符合保障安全生产的国家标准或者行业标准的设施、设备、器材以及违法生产、储存、使用、经营危险物品予以查封或者扣押，对违法生产、储存、使用、经营危险物品的作业场所予以查封，并依法做出处理决定。

22. 某施工工地起重机倒塌，造成10人死亡3人重伤，根据《生产安全事故报告和调查处理条例》规定，该事故等级属于（　　）。

A. 特别重大事故　　　　　　　　B. 重大事故

C. 较大事故　　　　　　　　　　D. 一般事故

【答案】B

【解析】国务院《生产安全事故报告和调查处理条例》规定：根据生产安全事故造成的人员伤亡或者直接经济损失，事故一般分为以下等级：1）特别重大事故，是指造成30人及以上死亡，或者100人及以上重伤（包括急性工业中毒，下同），或者1亿元及以上直接经济损失的事故；2）重大事故，是指造成10人及以上30人以下死亡，或者50人及以上100人以下重伤，或者5000万元及以上1亿元以下直接经济损失的事故；3）较大事故，是指造成3人及以上10人以下死亡，或者10人及以上50人以下重伤，或者1000万元及以上5000万元以下直接经济损失的事故；4）一般事故，是指造成3人以下死亡，或者10人以下重伤，或者1000万元以下直接经济损失的事故。

23. 某施工工地基坑塌陷，造成 2 人死亡 10 人重伤，根据《生产安全事故报告和调查处理条例》规定，该事故等级属于（   ）。

A. 特别重大事故   B. 重大事故
C. 较大事故   D. 一般事故

【答案】C

【解析】国务院《生产安全事故报告和调查处理条例》规定：根据生产安全事故造成的人员伤亡或者直接经济损失，事故一般分为以下等级：1) 特别重大事故，是指造成 30 人及以上死亡，或者 100 人及以上重伤（包括急性工业中毒，下同），或者 1 亿元及以上直接经济损失的事故；2) 重大事故，是指造成 10 人及以上 30 人以下死亡，或者 50 人及以上 100 人以下重伤，或者 5000 万元及以上 1 亿元以下直接经济损失的事故；3) 较大事故，是指造成 3 人及以上 10 人以下死亡，或者 10 人及以上 50 人以下重伤，或者 1000 万元及以上 5000 万元以下直接经济损失的事故；4) 一般事故，是指造成 3 人以下死亡，或者 10 人以下重伤，或者 1000 万元以下直接经济损失的事故。

24. 某市地铁工程施工作业面内，因大量水和流沙涌入，引起部分结构损坏及周边地区地面沉降，造成 3 栋建筑物严重倾斜，直接经济损失约合 1.5 亿元。根据《生产安全事故报告和调查处理条例》规定，该事故等级属于（   ）。

A. 特别重大事故   B. 重大事故
C. 较大事故   D. 一般事故

【答案】A

【解析】国务院《生产安全事故报告和调查处理条例》规定：根据生产安全事故造成的人员伤亡或者直接经济损失，事故一般分为以下等级：1) 特别重大事故，是指造成 30 人及以上死亡，或者 100 人及以上重伤（包括急性工业中毒，下同），或者 1 亿元及以上直接经济损失的事故；2) 重大事故，是指造成 10 人及以上 30 人以下死亡，或者 50 人及以上 100 人以下重伤，或者 5000 万元及以上 1 亿元以下直接经济损失的事故；3) 较大事故，是指造成 3 人及以上 10 人以下死亡，或者 10 人及以上 50 人以下重伤，或者 1000 万元及以上 5000 万元以下直接经济损失的事故；4) 一般事故，是指造成 3 人以下死亡，或者 10 人以下重伤，或者 1000 万元以下直接经济损失的事故。

25.《生产安全事故报告和调查处理条例》规定，重大事故由（   ）负责调查。

A. 国务院或国务院授权有关部门组织事故调查组
B. 事故发生地省级人民政府
C. 事故发生地设区的市级人民政府
D. 事故发生地县级人民政府

【答案】B

【解析】《生产安全事故报告和调查处理条例》规定了事故调查的管辖。特别重大事故由国务院或者国务院授权有关部门组织事故调查组进行调查。重大事故、较大事故、一般事故分别由事故发生地省级人民政府、设区的市级人民政府、县级人民政府负责调查。省级人民政府、设区的市级人民政府、县级人民政府可以直接组织事故调查组进行调查，也可以授权或者委托有关部门组织事故调查组进行调查。未造成人员伤亡的一般事故，县级人民政府也可以委托事故发生单位组织事故调查组进行调查。上级人民政府认为必要时，可以调查由下级人民政府负责调查的事故。特别重大事故以下等级事故，事故发生地与事故发生单位不在同一个县级以上行政区域的，由事故发生地人民政府负责调查，事故发生单位所在地人民政府应当派人参加。

26. 以下说法中，不属于施工单位主要负责人的安全生产方面的主要职责的是（　　）。

A. 对所承建的建设工程进行定期和专项安全检查，并做好安全检查记录

B. 制定安全生产规章制度和操作规程

C. 落实安全生产责任制度和操作规程

D. 建立健全安全生产责任制度和安全生产教育培训制度

【答案】C

【解析】《安全生产管理条例》第21条规定：施工单位主要负责人依法对本单位的安全生产工作负全责。具体包括：1）建立健全安全生产责任制度和安全生产教育培训制度；2）制定安全生产规章制度和操作规程；3）保证本单位安全生产条件所需资金的投入；4）对所承建的建设工程进行定期和专项安全检查，并做好安全检查记录。

27. 以下关于专职安全生产管理人员的说法中，错误的是（　　）。

A. 施工单位安全生产管理机构的负责人及其工作人员属于专职安全生产管理人员

B. 施工现场专职安全生产管理人员属于专职安全生产管理人员

C. 专职安全生产管理人员是指经过建设单位安全生产考核合格取得安全生产考核证书的专职人员

D. 专职安全生产管理人员应当对安全生产进行现场监督检查

【答案】C

【解析】《安全生产管理条例》第23条规定：施工单位应当设立安全生产管理机构，配备专职安全生产管理人员。专职安全生产管理人员是指经建设主管部门或者其他有关部门安全生产考核合格，并取得安全生产考核合格证书在企业从事安全生产管理工作的专职人员，包括施工单位安全生产管理机构的负责人及其工作人员和施工现场专职安全生产管理人员。

专职安全生产管理人员的安全责任主要包括：对安全生产进行现场监督检查。发现安全事故隐患，应当及时向项目负责人和安全生产管理机构报告；对于违章指挥、违章操作的，应当立即制止。

28. 建设工程实行施工总承包的，施工现场的安全生产（　　）。

A. 由分包单位各自负责　　　　　　B. 由总承包单位负总责

C. 由建设单位负总责　　　　　　　D. 由监理单位负责

【答案】B

【解析】《安全生产管理条例》第24条规定：建设工程实行施工总承包的，由总承包单位对施工现场的安全生产负总责。为了防止违法分包和转包等违法行为的发生，真正落实施工总承包单位的安全责任，该条进一步规定，总承包单位应当自行完成建设工程主体结构的施工。该条同时规定，总承包单位依法将建设工程分包给其他单位的，分包合同中应当明确各自的安全生产方面的权利、义务。总承包单位和分包单位对分包工程的安全生产承担连带责任。

29. 建设工程施工前，施工单位负责该项目管理的（　　）应当对有关安全施工的技

术要求向施工作业班组、作业人员做出详细说明，并由双方签字确认。

    A. 项目经理   B. 技术人员

    C. 质量员   D. 安全员

【答案】B

【解析】施工前的安全施工技术交底的目的就是让所有的安全生产从业人员都对安全生产有所了解，最大限度避免安全事故的发生。《建设工程安全生产管理条例》第27条规定，建设工程施工前，施工单位负责该项目管理的技术人员应当对有关安全施工的技术要求向施工作业班组、作业人员做出详细说明，并由双方签字确认。

30. 对达到一定规模的危险性较大的分部分项工程编制专项施工方案，并附具安全验算结果，经（   ）签字后实施，由专职安全生产管理人员进行现场监督。

    A. 施工单位技术负责人、总监理工程师

    B. 建设单位负责人、总监理工程师

    C. 施工单位技术负责人、监理工程师

    D. 建设单位负责人、监理工程师

【答案】A

【解析】《建设工程安全生产管理条例》第26条规定，对达到一定规模的危险性较大的分部分项工程编制专项施工方案，并附具安全验算结果，经施工单位技术负责人、总监理工程师签字后实施，由专职安全生产管理人员进行现场监督。

31. 施工技术人员必须在施工（   ）编制施工技术交底文件。

    A. 前   B. 后

    C. 同时   D. 均可

【答案】A

【解析】施工前的安全施工技术交底的目的就是让所有的安全生产从业人员都对安全生产有所了解，最大限度避免安全事故的发生。《建设工程安全生产管理条例》第27条规定，建设工程施工前，施工单位负责该项目管理的技术人员应当对有关安全施工的技术要求向施工作业班组、作业人员做出详细说明，并由双方签字确认。

32. 质量检测试样的取样应当严格执行有关工程建设标准和国家有关规定，在（   ）监督下现场取样。提供质量检测试样的单位和个人，应当对试样的真实性负责。

    A. 建设单位或工程监理单位   B. 建设单位或质量监督机构

    C. 施工单位或工程监理单位   D. 质量监督机构或工程监理单位

【答案】A

【解析】《质量管理条例》第31条规定：施工人员对涉及结构安全的试块、试件以及有关材料，应当在建设单位或者工程监理单位监督下现场取样，并送具有相应资质等级的质量检测单位进行检测。

33. 某项目分期开工建设，开发商二期工程3号、4号楼仍然复制使用一期工程施工图纸。施工时施工单位发现该图纸使用的02标准图集现已废止，按照《质量管理条例》的规定，施工单位正确的做法是（   ）。

    A. 继续按图施工，因为按图施工是施工单位的本分

    B. 按现行图集套改后继续施工

C. 及时向有关单位提出修改意见

D. 由施工单位技术人员修改图纸

【答案】C

【解析】《质量管理条例》第 28 条规定：施工单位必须按照工程设计图纸和施工技术标准施工，不得擅自修改工程设计，不得偷工减料。施工单位在施工过程中发现设计文件和图纸有差错的，应当及时提出意见和建议。

34. 根据《质量管理条例》规定，施工单位应当对建筑材料、建筑构配件、设备和商品混凝土进行检验，下列做法不符合规定的是（　　）。

A. 未经检验的，不得用于工程上

B. 检验不合格的，应当重新检验，直至合格

C. 检验要按规定的格式形成书面记录

D. 检验要有相关的专业人员签字

【答案】B

【解析】《质量管理条例》第 29 条规定：施工单位必须按照工程设计要求、施工技术标准和合同约定，对建筑材料、建筑构配件、设备和商品混凝土进行检验，检验应当有书面记录和专人签字；未经检验或者检验不合格的，不得使用。

35. 采用欺诈、威胁等手段订立的劳动合同为（　　）劳动合同。

A. 有效　　　　　　　　　　　　B. 无效

C. 可变更　　　　　　　　　　　D. 可撤销

【答案】B

【解析】《劳动合同法》第 26 条规定：下列劳动合同无效或者部分无效：1）以欺诈、胁迫的手段或者乘人之危，使对方在违背真实意思的情况下订立或者变更劳动合同的；2）用人单位免除自己的法定责任、排除劳动者权利的；3）违反法律、行政法规强制性规定的。对劳动合同的无效或者部分无效有争议的，由劳动争议仲裁机构或者人民法院确认。

36. 张某在甲施工单位公司连续工作满 8 年，李某与乙监理公司已经连续订立两次固定期限劳动合同，但因工负伤不能从事原先工作；王某来丙公司工作 2 年，并被董事会任命为总经理；赵某在丁公司累计工作了 12 年，但期间曾离开过丁公司。则应签订无固定期限劳动合同的是（　　）。

A. 张某　　　　　　　　　　　　B. 李某

C. 王某　　　　　　　　　　　　D. 赵某

【答案】B

【解析】有下列情形之一，劳动者提出或者同意续订、订立劳动合同的，除劳动者提出订立固定期限劳动合同外，应当订立无固定期限劳动合同：1）劳动者在该用人单位连续工作满 10 年的；2）用人单位初次实行劳动合同制度或者国有企业改制重新订立劳动合同时，劳动者在该用人单位连续工作满 10 年且距法定退休年龄不足 10 年的；3）连续订立二次固定期限劳动合同，且劳动者没有本法第 39 条（即用人单位可以解除劳动合同的条件）和第 40 条第 1 项、第 2 项规定（及劳动者患病或非因工负伤，在规定的医疗期满后不能从事原工作，也不能从事由用人单位另行安排的工作的；劳动者不能胜任工作，经

过培训或者调整工作岗位，仍不能胜任工作）的情形，续订劳动合同的。

37. 甲建筑材料公司聘请王某担任推销员，双方签订劳动合同，合同中约定如果王某完成承包标准，每月基本工资1000元，超额部分按40%提成，若不完成任务，可由公司扣减工资。下列选项中表述正确的是（　　　）。

A. 甲建筑材料公司不得扣减王某工资

B. 由于在试用期内，所以甲建筑材料公司的做法是符合《劳动合同法》的

C. 甲公司可以扣发王某的工资，但是不得低于用人单位所在地的最低工资标准

D. 试用期内的工资不得低于本单位相同岗位的最低档工资

【答案】C

【解析】《劳动合同法》第20条规定：劳动者在试用期的工资不得低于本单位相同岗位最低档工资或者劳动合同约定工资的80%，并不得低于用人单位所在地的最低工资标准。

38. 根据《劳动合同法》规定，无固定期限劳动合同可以约定试用期，但试用期最长不得超过（　　　）个月。

A. 1　　　　　　　　　　　　B. 2

C. 3　　　　　　　　　　　　D. 6

【答案】C

【解析】《劳动合同法》第19条进一步明确：劳动合同期限3个月以上不满1年的，试用期不得超过1个月；劳动合同期限1年以上不满3年的，试用期不得超过2个月；3年以上固定期限和无固定期限的劳动合同，试用期不得超过6个月。试用期包含在劳动合同期限内。劳动合同仅约定试用期的，试用期不成立，该期限为劳动合同期限。

39. 贾某与乙建筑公司签订了一份劳动合同，在合同尚未期满时，贾某拟解除劳动合同。根据规定，贾某应当提前（　　　）日以书面形式通知用人单位。

A. 3　　　　　　　　　　　　B. 15

C. 15　　　　　　　　　　　D. 30

【答案】D

【解析】劳动者提前30日以书面形式通知用人单位，可以解除劳动合同。劳动者在试用期内提前3日通知用人单位，可以解除劳动合同。

40. 在试用期内被证明不符合录用条件的，用人单位（　　　）。

A. 可以随时解除劳动合同

B. 必须解除劳动合同

C. 可以解除合同，但应当提前30日通知劳动者

D. 不得解除劳动合同

【答案】A

【解析】《劳动合同法》第39条规定：劳动者有下列情形之一的，用人单位可以解除劳动合同：1）在试用期间被证明不符合录用条件的；2）严重违反用人单位的规章制度的；3）严重失职，营私舞弊，给用人单位造成重大损害的；4）劳动者同时与其他用人单位建立劳动关系，对完成本单位的工作任务造成严重影响，或者经用人单位提出，拒不改正的；5）因本法第二十六条第一款第一项规定的情形致使劳动合同无效的；6）被依法追

究刑事责任的。

41. 工人小韩与施工企业订立了1年期的劳动合同，在合同履行过程中小韩不能胜任本职工作，企业给其调整工作岗位后，仍不能胜任工作，其所在企业决定解除劳动合同，需提前（　　）日以书面形式通知小韩本人。

A. 10
B. 15
C. 30
D. 60

【答案】C

【解析】《劳动合同法》第40条规定：有下列情形之一的，用人单位提前30日以书面形式通知劳动者本人或者额外支付劳动者1个月工资后，可以解除劳动合同：1）劳动者患病或者非因工负伤，在规定的医疗期满后不能从事原工作，也不能从事由用人单位另行安排的工作的；2）劳动者不能胜任工作，经过培训或者调整工作岗位，仍不能胜任工作的；3）劳动合同订立时所依据的客观情况发生重大变化，致使劳动合同无法履行，经用人单位与劳动者协商，未能就变更劳动合同内容达成协议的。

42. 在下列情形中，用人单位可以解除劳动合同，但应当提前30日以书面形式通知劳动者本人的是（　　）。

A. 小王在试用期内迟到早退，不符合录用条件
B. 小李因盗窃被判刑
C. 小张在外出执行任务时负伤，失去左腿
D. 小吴下班时间酗酒摔伤住院，出院后不能从事原工作也拒不从事单位另行安排的工作

【答案】D

【解析】《劳动合同法》第40条规定：有下列情形之一的，用人单位提前30日以书面形式通知劳动者本人或者额外支付劳动者1个月工资后，可以解除劳动合同：1）劳动者患病或者非因工负伤，在规定的医疗期满后不能从事原工作，也不能从事由用人单位另行安排的工作的；2）劳动者不能胜任工作，经过培训或者调整工作岗位，仍不能胜任工作的；3）劳动合同订立时所依据的客观情况发生重大变化，致使劳动合同无法履行，经用人单位与劳动者协商，未能就变更劳动合同内容达成协议的。

43. 不属于随时解除劳动合同的情形的是（　　）。

A. 某单位司机李某因交通肇事罪被判处有期徒刑3年
B. 某单位发现王某在试用期间不符合录用条件
C. 石某在工作期间严重失职，给单位造成重大损失
D. 职工姚某无法胜任本岗位工作，经过培训仍然无法胜任工作的

【答案】D

【解析】《劳动合同法》第39条规定：劳动者有下列情形之一的，用人单位可以解除劳动合同：1）在试用期间被证明不符合录用条件的；2）严重违反用人单位的规章制度的；3）严重失职，营私舞弊，给用人单位造成重大损害的；4）劳动者同时与其他用人单位建立劳动关系，对完成本单位的工作任务造成严重影响，或者经用人单位提出，拒不改正的；5）因本法第二十六条第一款第一项规定的情形致使劳动合同无效的；6）被依法追究刑事责任的。

44. 王某应聘到某施工单位，双方于 4 月 15 日签订为期 3 年的劳动合同，其中约定试用期 3 个月，次日合同开始履行。7 月 18 日，王某拟解除劳动合同，则（　　）。

　　A. 必须取得用人单位同意

　　B. 口头通知用人单位即可

　　C. 应提前 30 日以书面形式通知用人单位

　　D. 应报请劳动行政主管部门同意后以书面形式通知用人单位

【答案】C

【解析】劳动者提前 30 日以书面形式通知用人单位，可以解除劳动合同。劳动者在试用期内提前 3 日通知用人单位，可以解除劳动合同。

三、多选题

1. 建设法规一般包含哪些内容（　　）。

　　A. 建设法律　　　　　　　　　　B. 建设行政法规

　　C. 建设部门规章　　　　　　　　D. 地方性建设法规

　　E. 地方建设规章

【答案】ABCD

【解析】我国建设法规由建设法律、建设行政法规、建设部门规章、地方性建设法规组成。

2. 以下各类房屋建筑工程的施工中，三级企业可以承担的有（　　）。

　　A. 高度 70m 及以上的构筑物

　　B. 高度 70m 及以下的构筑物

　　C. 单跨跨度 27m 及以上的房屋建筑工程

　　D. 建筑面积 1.2 万 m^2 及以下单体民用建筑工程

　　E. 建筑面积 1.2 万 m^2 及以上的单体民用建筑工程

【答案】BD

【解析】房屋建筑工程施工总承包三级企业可以承包工程范围如下：可承担下列建筑工程的施工：1）高度 50m 以内的建筑工程；2）高度 70m 及以下的构筑物工程；3）建筑面积 1.2 万 m^2 及以下的单体工业、民用建筑工程；4）单跨跨度 27m 及以下的建筑工程。

3. 以下关于市政公用工程施工总承包企业承包工程范围的说法，错误的是（　　）。

　　A. 特级企业可承担各类市政公用工程的施工

　　B. 二级企业可承担单项合同额 2500 万元以下的城市生活垃圾处理工程

　　C. 一级企业可承担单项合同额 4000 万元以下的市政综合工程

　　D. 二级企业可承担城市快速路工程

　　E. 一级企业可承担单跨 45m 以上的城市桥梁工程

【答案】DE

【解析】市政公用工程施工总承包企业可以承包工程范围如下：特级：可承担各种类市政公用工程的施工。一级：可承担下列市政公用工程的施工：1）各类城市道路；单跨 45m 以下的城市桥梁；2）15 万 t/d 以下的供水工程；10 万 t/d 以下的污水处理工程；25 万 t/d 以下的给水泵站、15 万 t/d 以下的污水泵站、雨水泵站；各类给排水及中水管道工程；3）中压以下燃气管道、调压站；供热面积 150 万 m² 以下热力工程和各类热力管道工程；4）各类城市生活垃圾处理工程；5）断面 25m² 以下隧道工程和地下交通工程；6）各类城市广场、地面停车场硬质铺装；7）单项合同额 4000 万元以下的市政综合工程。

二级：可承担下列市政公用工程的施工：1）城市道路工程（不含快速路）；单跨 25m 以下的城市桥梁工程；2）8 万 t/d 以下的给水厂；6 万 t/d 以下的污水处理工程；10 万 t/d 以下的给水泵站、10 万 t/d 以下的污水泵站、雨水泵站，直径 1m 以下供水管道；直径 1.5m 以下污水及中水管道；3）2kg/cm² 以下中压、低压燃气管道、调压站；供热面积 50 万 m² 以下热力工程，直径 0.2m 以下热力管道；4）单项合同额 2500 万元以下的城市生活垃圾处理工程；5）单项合同额 2000 万元以下的地下交通工程（不含轨道交通工程）；6）5000m² 以下城市广场、地面停车场硬质铺装；7）单项合同额 2500 万元以下的市政综合工程。

4. 在进行生产安全事故报告和调查处理时，必须坚持"四不放过"的原则，包括（　　）。

A. 事故原因不清楚不放过

B. 事故责任者和群众没有受到教育不放过

C. 事故单位未处理不放过

D. 事故责任者没有受到处理不放过

E. 没有制定防范措施不放过

【答案】ABD

【解析】事故处理必须遵循一定的程序，坚持"四不放过"原则，即事故原因分析不清不放过；事故责任者和群众没有受到教育不放过；事故隐患不整改不放过；事故的责任者没有受到处理不放过。

5.《建筑法》规定，交付竣工验收的建筑工程必须符合（　　）。

A. 必须符合规定的建筑工程质量标准

B. 有完整的工程技术经济资料和经签署的工程保修书

C. 具备国家规定的其他竣工条件

D. 建筑工程竣工验收合格后，方可交付使用

E. 未经验收或者验收不合格的，不得交付使用

【答案】ABC

【解析】《建筑法》第 61 条规定：交付竣工验收的建筑工程，必须符合规定的建筑工程质量标准，有完整的工程技术经济资料和经签署的工程保修书，并具备国家规定的其他竣工条件。建筑工程竣工经验收合格后，方可交付使用；未经验收或验收不合格的，不得交付使用。建设工程项目的竣工验收，指在建筑工程已按照设计要求完成全部施工任务，准备交付给建设单位使用时，由建设单位或有关主管部门依照国家关于建筑工程竣工验收制度的规定，对该项工程是否符合设计要求和工程质量标准所进行的检查、考核工作。工程项目的竣工验收是施工全过程的最后一道工序，也是工程项目管理的最后一项工作。它是建设投资成果转入生产或使用的标志，也是全面考核投资效益、检验设计和施工质量的重要环节。

6. 下列属于生产经营单位的安全生产管理人员职责的是（　　）。

A. 对检查中发现的安全问题，应当立即处理；不能处理的，应当及时报告本单位有关负责人

B. 建立、健全本单位安全生产责任制

C. 检查及处理情况应当记录在案

D. 组织制定本单位安全生产规章制度和操作规程

E. 根据本单位的生产经营特点，对安全生产状况进行经常性检查

【答案】ACE

【解析】《安全生产法》第43条规定：生产经营单位的安全生产管理人员应当根据本单位的生产经营特点，对安全生产状况进行经常性检查；对检查中发现的安全问题，应当立即处理；不能处理的，应当及时报告本单位有关负责人，有关负责人应当及时处理。检查及处理情况应当如实记录在案。生产经营单位的安全生产管理人员在检查中发现重大事故隐患，依照前款规定向本单位有关负责人报告，有关负责人不及时处理的，安全生产管理人员可以向主管的负有安全生产监督管理职责的部门报告，接到报告的部门应当依法及时处理。

7. 下列措施中，属于生产经营单位安全生产保障措施中经济保障措施的是（　　）。

A. 保证劳动防护用品、安全生产培训所需要的资金

B. 保证安全设施所需要的资金

C. 保证安全生产所必需的资金

D. 保证员工食宿设备所需要的资金

E. 保证工伤社会保险所需要的资金

【答案】ABCE

【解析】生产经营单位安全生产经济保障措施指的是保证安全生产所必需的资金，保证安全设施所需要的资金，保证劳动防护用品、安全生产培训所需要的资金，保证工伤社会保险所需要的资金。

8. 下列措施中，属于生产经营单位安全生产保障措施中技术保障措施的是（　　）。

A. 物质资源管理由设备的日常管理

B. 对废弃危险物品的管理

C. 新工艺、新技术、新材料或者使用新设备的管理

D. 生产经营项目、场所、设备的转让管理

E. 对员工宿舍的管理

【答案】BCE

【解析】生产经营单位安全生产技术保障措施包含对新工艺、新技术、新材料或者使用新设备的管理，对安全条件论证和安全评价的管理，对废弃危险物品的管理，对重大危险源的管理，对员工宿舍的管理，对危险作业的管理，对安全生产操作规程的管理以及对施工现场的管理8个方面。

9. 根据《安全生产法》规定，安全生产中从业人员的权利有（　　）。

A. 批评权和检举、控告权　　　　　B. 知情权

C. 紧急避险　　　　　　　　　　　D. 获得赔偿权

E. 危险报告权

【答案】ABCD

【解析】生产经营单位的从业人员依法享有知情权，批评权和检举、控告权，拒绝权，紧急避险权，请求赔偿权，获得劳动防护用品的权利和获得安全生产教育和培训的权利。

10. 国务院《生产安全事故报告和调查处理条例》规定，事故一般分为以下等级（　　　）。

A. 特别重大事故　　　　　　　　B. 重大事故

C. 大事故　　　　　　　　　　　D. 一般事故

E. 较大事故

【答案】ABDE

【解析】国务院《生产安全事故报告和调查处理条例》规定：根据生产安全事故造成的人员伤亡或者直接经济损失，事故一般分为以下等级：1）特别重大事故，是指造成30人及以上死亡，或者100人及以上重伤（包括急性工业中毒，下同），或者1亿元及以上直接经济损失的事故；2）重大事故，是指造成10人及以上30人以下死亡，或者50人及以上100人以下重伤，或者5000万元及以上1亿元以下直接经济损失的事故；3）较大事故，是指造成3人及以上10人以下死亡，或者10人及以上50人以下重伤，或者1000万元及以上5000万元以下直接经济损失的事故；4）一般事故，是指造成3人以下死亡，或者10人以下重伤，或者1000万元以下直接经济损失的事故。

11. 下列选项中，施工单位的项目人应当履行的安全责任主要包括（　　　）。

A. 制定安全生产规章制度和操作规程　　B. 确保安全生产费用的有效使用

C. 组织制定安全施工措施　　　　　　　D. 消除安全事故隐患

E. 及时、如实报告生产安全事故

【答案】BCDE

【解析】根据《安全生产管理条例》第21条，项目负责人的安全责任主要包括：1）落实安全生产责任制度，安全生产规章制度和操作规程；2）确保安全生产费用的有效使用；3）根据工程的特点组织制定安全施工措施，消除安全事故隐患；4）及时、如实报告生产安全事故。

12. 下列属于危险性较大的分部分项工程的有（　　　）。

A. 基坑支护与降水工程　　　　　　B. 土方开挖工程

C. 模板工程　　　　　　　　　　　D. 楼地面工程

E. 脚手架工程

【答案】ABCE

【解析】《建设工程安全生产管理条例》第26条规定，对达到一定规模的危险性较大的分部分项工程编制专项施工方案，并附具安全验算结果，经施工单位技术负责人、总监理工程师签字后实施，由专职安全生产管理人员进行现场监督：1）基坑支护与降水工程；2）土方开挖工程；3）模板工程；4）起重吊装工程；5）脚手架工程；6）拆除、爆破工程；7）国务院建设行政主管部门或其他有关部门规定的其他危险性较大的工程。

13. 以下各项中，属于施工单位的质量责任和义务的有（　　　）。

A. 建立质量保证体系

B. 按图施工

C. 对建筑材料、构配件和设备进行检验的责任

D. 组织竣工验收

E. 见证取样

【答案】ABCE

【解析】《质量管理条例》关于施工单位的质量责任和义务的条文是第25～33条。即：依法承揽工程、建立质量保证体系、按图施工；对建筑材料、构配件和设备进行检验的责任、对施工质量进行检验的责任、见证取样、保修。

14. 无效的劳动合同，从订立的时候起，就没有法律约束力。下列属于无效的劳动合同的有（　　）。

A. 报酬较低的劳动合同

B. 违反法律、行政法规强制性规定的劳动合同

C. 采用欺诈、威胁等手段订立的严重损害国家利益的劳动合同

D. 未规定明确合同期限的劳动合同

E. 劳动内容约定不明确的劳动合同

【答案】BC

【解析】《劳动合同法》第26条规定：下列劳动合同无效或者部分无效：1）以欺诈、胁迫的手段或者乘人之危，使对方在违背真实意思的情况下订立或者变更劳动合同的；2）用人单位免除自己的法定责任、排除劳动者权利的；3）违反法律、行政法规强制性规定的。

15. 关于劳动合同变更，下列表述中正确的有（　　）。

A. 用人单位与劳动者协商一致，可变更劳动合同的内容

B. 变更劳动合同只能在合同订立之后、尚未履行之前进行

C. 变更后的劳动合同文本由用人单位和劳动者各执一份

D. 变更劳动合同，应采用书面形式

E. 建筑公司可以单方变更劳动合同，变更后劳动合同有效

【答案】ACD

【解析】用人单位变更名称、法定代表人、主要负责人或者投资人等事项，不影响劳动合同的履行。用人单位发生合并或者分立等情况，原劳动合同继续有效，劳动合同由承继其权利和义务的用人单位继续履行。用人单位与劳动者协商一致，可以变更劳动合同约定的内容。变更劳动合同，应当采用书面形式。变更后的劳动合同文本由用人单位和劳动者各执一份。

16. 集体合同是指企业职工乙方与企业（用人单位）就劳动报酬（　　）等事项，依据有关法律法规，通过平等协商达成的书面协议。

A. 工作时间　　　　　　　　　　B. 工作地点

C. 休息休假　　　　　　　　　　D. 劳动安全卫生

E. 保险福利

【答案】ACDE

【解析】集体合同又称集体协议、团体协议等，是指企业职工乙方与企业（用人单位）就劳动报酬、工作时间、休息休假、劳动安全卫生、保险福利等事项，依据有关法律法规，通过平等协商达成的书面协议，集体合同实际上是一种特殊的劳动合同。

第二章 市政工程材料

一、判断题

1. 气硬性胶凝材料只能在空气中凝结、硬化、保持和发展强度，一般只适用于干燥环境，不宜用于潮湿环境与水中；那么水硬性胶凝材料则只能适用于潮湿环境与水中。

【答案】 错误

【解析】 气硬性胶凝材料只能在空气中凝结、硬化、保持和发展强度，一般只适用于干燥环境，不宜用于潮湿环境与水中。水硬性胶凝材料既能在空气中硬化，也能在水中凝结、硬化、保持和发展强度，既适用于干燥环境，又适用于潮湿环境与水中工程。

2. 混凝土的轴心抗压强度是采用 150mm×150mm×500mm 棱柱体作为标准试件，在标准条件（温度 20℃±2℃，相对湿度为 95％以上）下养护 28d，采用标准试验方法测得的抗压强度值。

【答案】 错误

【解析】 混凝土的轴心抗压强度是采用 150mm×150mm×300mm 棱柱体作为标准试件，在标准条件（温度 20℃±2℃，相对湿度为 95％以上）下养护 28d，采用标准试验方法测得的抗压强度值。

3. 我国目前采用劈裂试验方法测定混凝土的抗拉强度。劈裂试验方法是采用边长为 150mm 的立方体标准试件，按规定的劈裂拉伸试验方法测定的混凝土的劈裂抗拉强度。

【答案】 正确

【解析】 我国目前采用劈裂试验方法测定混凝土的抗拉强度。劈裂试验方法是采用边长为 150mm 的立方体标准试件，按规定的劈裂拉伸试验方法测定混凝土的劈裂抗拉强度。

4. 水泥是混凝土组成材料中最重要的材料，也是成本支出最多的材料，更是影响混凝土强度、耐久性最重要的影响因素。

【答案】 正确

【解析】 水泥是混凝土组成材料中最重要的材料，也是成本支出最多的材料，更是影响混凝土强度、耐久性最重要的影响因素。

5. 混合砂浆强度较高，耐久性较好，但流动性和保水性较差，可用于砌筑较干燥环境下的砌体。

【答案】 错误

【解析】 混合砂浆强度较高，且耐久性、流动性和保水性均较好，便于施工，易保证施工质量，是砌体结构房屋中常用的砂浆。

6. 低碳钢拉伸时，从受拉至拉断，经历的四个阶段为：弹性阶段、强化阶段、屈服阶段和颈缩阶段。

【答案】 错误

【解析】 低碳钢从受拉至拉断，共经历的四个阶段：弹性阶段、屈服阶段、强化阶段和颈缩阶段。

7. 冲击韧性指标是通过标准试件的弯曲冲击韧性试验确定的。

【答案】正确

【解析】冲击韧性是指钢材抵抗冲击力荷载的能力。冲击韧性指标是通过标准试件的弯曲冲击韧性试验确定的。

8. 焊接的质量取决于焊接工艺、焊接材料及钢的焊接性能。

【答案】正确

【解析】焊接的质量取决于焊接工艺、焊接材料及钢的焊接性能。

9. 依据生产工艺，钢结构所用钢管分为热轧无缝钢管和镀锌钢管两类。

【答案】错误

【解析】依据生产工艺，钢结构所用钢管分为热轧无缝钢管和焊接钢管两类。

10. 预应力混凝土用热处理钢筋使用热轧带钢筋经淬火和回火的调质处理而成的，按外形分为纵肋和无纵肋。

【答案】正确

【解析】预应力混凝土用热处理钢筋使用热轧带钢筋经淬火和回火的调质处理而成的，按外形分为纵肋和无纵肋。

11. 沥青混合料是沥青与矿质集料混合形成的混合物。

【答案】正确

【解析】沥青混合料是用适量的沥青与一定级配的矿质集料经过充分拌和而形成的混合物。

12. 根据沥青混合料的施工温度分类，沥青混合料可分为热拌沥青混合料和常温沥青混合料。

【答案】错误

【解析】根据沥青混合料的施工温度分类，沥青混合料可分为热拌、温拌、冷拌沥青混合料。

13. 沥青混合料的耐久性主要指沥青混合料的抵抗外力破坏的能力。

【答案】错误

【解析】沥青混合料的耐久性主要指沥青混合料的抗老化性能。

二、单选题

1. 属于水硬性胶凝材料的是（　　）。
A. 石灰
B. 石膏
C. 水泥
D. 水玻璃

【答案】C

【解析】按照硬化条件的不同，无机胶凝材料分为气硬性胶凝材料和水硬性胶凝材料。前者如石灰、石膏、水玻璃等，后者如水泥。

2. 气硬性胶凝材料一般只适用于（　　）环境中。
A. 干燥
B. 干湿交替
C. 潮湿
D. 水中

【答案】A

【解析】气硬性胶凝材料只能在空气中凝结、硬化、保持和发展强度，一般只适用于干燥环境，不宜用于潮湿环境与水中。

3. 按用途和性能对水泥的分类中，下列哪项是不属于的（　　）。

A. 通用水泥　　　　　　　　　　B. 专用水泥

C. 特性水泥　　　　　　　　　　D. 多用水泥

【答案】D

【解析】按其用途和性能可分为通用水泥、专用水泥和特性水泥三大类。

4. 水泥强度是根据（　　）龄期的抗折强度和抗压强度来划分的。

A. 3d 和 7d　　　　　　　　　　B. 7d 和 14d

C. 3d 和 14d　　　　　　　　　　D. 3d 和 28d

【答案】D

【解析】水泥强度根据 3d 和 28d 龄期的抗折强度和抗压强度进行评定。

5. 以下（　　）不宜用于大体积混凝土施工。

A. 普通硅酸盐水泥　　　　　　　B. 矿渣硅酸盐水泥

C. 火山灰质硅酸盐水泥　　　　　D. 粉煤灰硅酸盐水泥

【答案】A

【解析】为了避免由于温度应力引起水泥石的开裂，在大体积混凝土工程中，不宜采用硅酸盐水泥，而应采用水化热低的水泥如中热水泥、低热矿渣水泥等，水化热的数值可根据国家标准规定的方法测定。

6. 下列关于建筑工程常用的特性水泥的特性及应用的表述中，错误的是（　　）。

A. 白水泥和彩色水泥主要用于建筑物内外的装饰

B. 膨胀水泥主要用于收缩补偿混凝土工程，防渗混凝土，防身砂浆，结构的加固，构件接缝、接头的灌浆，固定设备的机座及地脚螺栓等

C. 快硬水泥易受潮变质，故储运时须特别注意防潮，并应及时使用，不宜久存，出厂超过 3 个月，应重新检验，合格后方可使用

D. 快硬硅酸盐水泥可用于紧急抢修工程、低温施工工程等，可配制成早强、高等级混凝土

【答案】C

【解析】快硬硅酸盐水泥可用于紧急抢修工程、低温施工工程等，可配制成早强、高等级混凝土。快硬水泥易受潮变质，故储运时须特别注意防潮，并应及时使用，不宜久存，出厂超过 1 个月，应重新检验，合格后方可使用。白水泥和彩色水泥主要用于建筑物内外的装饰。膨胀水泥主要用于收缩补偿混凝土工程，防渗混凝土，防身砂浆，结构的加固，构件接缝、接头的灌浆，固定设备的机座及地脚螺栓等。

7. 下列关于普通混凝土的分类方法中错误的是（　　）。

A. 按用途分为结构混凝土、抗渗混凝土、抗冻混凝土、大体积混凝土、水工混凝土、耐热混凝土、耐酸混凝土、装饰混凝土等

B. 按强度等级分为普通强度混凝土、高强混凝土、超高强混凝土

C. 按强度等级分为低强度混凝土、普通强度混凝土、高强混凝土、超高强混凝土

D. 按施工工艺分为喷射混凝土、泵送混凝土、碾压混凝土、压力灌浆混凝土、离心混凝土、真空脱水混凝土

【答案】C

【解析】普通混凝土可以从不同的角度进行分类。按用途分为结构混凝土、抗渗混凝土、抗冻混凝土、大体积混凝土、水工混凝土、耐热混凝土、耐酸混凝土、装饰混凝土等。按强度等级分为普通强度混凝土、高强混凝土、超高强混凝土。按施工工艺分为喷射混凝土、泵送混凝土、碾压混凝土、压力灌浆混凝土、离心混凝土、真空脱水混凝土。

8. 下列关于普通混凝土的主要技术性质的表述中，正确的是（　　）。

A. 混凝土拌合物的主要技术性质为和易性，硬化混凝土的主要技术性质包括强度、变形和耐久性等

B. 和易性是满足施工工艺要求的综合性质，包括流动性和保水性

C. 混凝土拌合物的和易性目前主要以测定流动性的大小来确定

D. 根据坍落度值的大小将混凝土进行分级时，坍落度160mm的混凝土为流动性混凝土

【答案】A

【解析】混凝土拌合物的主要技术性质为和易性，硬化混凝土的主要技术性质包括强度、变形和耐久性等。和易性是满足施工工艺要求的综合性质，包括流动性、黏聚性和保水性。混凝土拌合物的和易性目前还很难用单一的指标来评定，通常是以测定流动性为主，兼顾黏聚性和保水性。坍落度数值越大，表明混凝土拌合物流动性大，根据坍落度值的大小，可将混凝土分为四级：大流动性混凝土（坍落度大于160mm）、流动性混凝土（坍落度100～150mm）、塑性混凝土（坍落度10～90mm）和干硬性混凝土（坍落度小于10mm）。

9. 混凝土拌合物的主要技术性质为（　　）。

A. 强度　　　　　　　　　　　B. 和易性
C. 变形　　　　　　　　　　　D. 耐久性

【答案】B

【解析】混凝土拌合物的主要技术性质为和易性，硬化混凝土的主要技术性质包括强度、变形和耐久性等。

10. 下列关于混凝土的耐久性的相关表述中，正确的是（　　）。

A. 抗渗等级是以28d龄期的标准试件，用标准试验方法进行试验，以每组八个试件，六个试件未出现渗水时，所能承受的最大静水压来确定

B. 主要包括抗渗性、抗冻性、耐久性、抗碳化、抗碱—骨料反应等方面

C. 抗冻等级是28d龄期的混凝土标准试件，在浸水饱和状态下，进行冻融循环试验，以抗压强度损失不超过20％，同时质量损失不超过10％时，所能承受的最大冻融循环次数来确定

D. 当工程所处环境存在侵蚀介质时，对混凝土必须提出耐久性要求

【答案】B

【解析】混凝土的耐久性主要包括抗渗性、抗冻性、耐久性、抗碳化、抗碱—骨料反应等方面。抗渗等级是以28d龄期的标准试件，用标准试验方法进行试验，以每组六个试件，四个试件未出现渗水时，所能承受的最大静水压来确定。抗冻等级是28d龄期的混凝土标准试件，在浸水饱和状态下，进行冻融循环试验，以抗压强度损失不超过25％，同时

质量损失不超过 5% 时，所能承受的最大冻融循环次数来确定。当工程所处环境存在侵蚀介质时，对混凝土必须提出耐蚀性要求。

11. 下列表述，不属于高性能混凝土的主要特性的是（　　）。

A. 具有一定的强度和高抗渗能力　　　　B. 具有良好的工作性

C. 力学性能良好　　　　　　　　　　　D. 具有较高的体积稳定性

【答案】C

【解析】高性能混凝土是指具有高耐久性和良好的工作性，早期强度高而后期强度不倒缩，体积稳定性好的混凝土。高性能混凝土的主要特性为：具有一定的强度和高抗渗能力；具有良好的工作性；耐久性好；具有较高的体积稳定性。

12. 下列各项，不属于常用早强剂的是（　　）。

A. 氯盐类早强剂　　　　　　　　　　　B. 硝酸盐类早强剂

C. 硫酸盐类早强剂　　　　　　　　　　D. 有机胺类早强剂

【答案】B

【解析】目前，常用的早强剂有氯盐类、硫酸盐类和有机胺类。

13. 改善混凝土拌合物和易性外加剂的是（　　）。

A. 缓凝剂　　　　　　　　　　　　　　B. 早强剂

C. 引气剂　　　　　　　　　　　　　　D. 速凝剂

【答案】C

【解析】加入引气剂，可以改善混凝土拌合物和易性，显著提高混凝土的抗冻性和抗渗性，但会降低弹性模量及强度。

14. 下列关于膨胀剂、防冻剂、泵送剂、速凝剂的相关说法中，错误的是（　　）。

A. 膨胀剂是能使混凝土产生一定体积膨胀的外加剂

B. 常用防冻剂有氯盐类、氯盐阻锈类、氯盐与阻锈剂为主复合的外加剂、硫酸盐类

C. 泵送剂是改善混凝土泵送性能的外加剂

D. 速凝剂主要用于喷射混凝土、堵漏等

【答案】B

【解析】膨胀剂是能使混凝土产生一定体积膨胀的外加剂。常用防冻剂有氯盐类、氯盐阻锈类、氯盐与阻锈剂为主复合的外加剂、无氯盐类。泵送剂是改善混凝土泵送性能的外加剂。速凝剂主要用于喷射混凝土、堵漏等。

15. 下列对于砂浆与水泥的说法中错误的是（　　）。

A. 根据胶凝材料的不同，建筑砂浆可分为石灰砂浆、水泥砂浆和混合砂浆

B. 水泥属于水硬性胶凝材料，因而只能在潮湿环境与水中凝结、硬化、保持和发展强度

C. 水泥砂浆强度高、耐久性和耐火性好，常用于地下结构或经常受水侵蚀的砌体部位

D. 水泥按其用途和性能可分为通用水泥、专用水泥以及特性水泥

【答案】B

【解析】根据所用胶凝材料的不同，建筑砂浆可分为石灰砂浆、水泥砂浆和混合砂浆（包括水泥石灰砂浆、水泥黏土砂浆、石灰黏土砂浆、石灰粉煤灰砂浆等）等。水硬性胶

凝材料既能在空气中硬化，也能在水中凝结、硬化、保持和发展强度，既适用于干燥环境，又适用于潮湿环境与水中工程。水泥砂浆强度高、耐久性和耐火性好，但其流动性和保水性差，施工相对难，常用于地下结构或经常受水侵蚀的砌体部位。水泥按其用途和性能可分为通用水泥、专用水泥以及特性水泥。

16. 下列关于砌筑砂浆主要技术性质的说法中，错误的是（　　）。

A. 砌筑砂浆的技术性质主要包括新版砂浆的密度、和易性、硬化砂浆强度和对基面的粘结力、抗冻性、收缩值等指标

B. 流动性的大小用"沉入度"表示，通常用砂浆稠度测定仪测定

C. 砂浆流动性的选择与砌筑种类、施工方法及天气情况有关。流动性过大，砂浆太稀，不仅铺砌难，而且硬化后强度降低；流动性过小，砂浆太稠，难于铺平

D. 砂浆的强度是以 5 个 150 mm×150mm×150mm 的立方体试块，在标准条件下养护 28d 后，用标准方法测得的抗压强度（MPa）算术平均值来评定的

【答案】D

【解析】砌筑砂浆的技术性质主要包括新版砂浆的密度、和易性、硬化砂浆强度和对基面的粘结力、抗冻性、收缩值等指标。流动性的大小用"沉入度"表示，通常用砂浆稠度测定仪测定。砂浆流动性的选择与砌筑种类、施工方法及天气情况有关。流动性过大，砂浆太稀，不仅铺砌难，而且硬化后强度降低；流动性过小，砂浆太稠，难于铺平。砂浆的强度是以 3 个 70.7mm×70.7mm×70.7mm 的立方体试块，在标准条件下养护 28d 后，用标准方法测得的抗压强度（MPa）算术平均值来评定的。

17. 砂浆流动性的大小用（　　）表示。

A. 坍落度　　　　　　　　　　B. 分层度
C. 沉入度　　　　　　　　　　D. 针入度

【答案】C

【解析】流动性的大小用"沉入度"表示，通常用砂浆稠度测定仪测定。

18. 下列关于砌筑砂浆的组成材料及其技术要求的说法中，正确的是（　　）。

A. M15 及以下强度等级的砌筑砂浆宜选用 42.5 级通用硅酸盐水泥或砌筑水泥

B. 砌筑砂浆常用的细骨料为普通砂。砂的含泥量不应超过 5%

C. 生石灰熟化成石灰膏时，应用孔径不大于 3mm×3mm 的网过滤，熟化时间不得少于 7d；磨细生石灰粉的熟化时间不得少于 3d

D. 制作电石膏的电石渣应用孔径不大于 3mm×3mm 的网过滤，检验时应加热至 70℃并保持 60min，没有乙炔气味后，方可使用

【答案】B

【解析】M15 及以下强度等级的砌筑砂浆宜选用 32.5 级通用硅酸盐水泥或砌筑水泥。砌筑砂浆常用的细骨料为普通砂。砂的含泥量不应超过 5%。生石灰熟化成石灰膏时，应用孔径不大于 3mm×3mm 的网过滤，熟化时间不得少于 7d；磨细生石灰粉的熟化时间不得少于 2d。制作电石膏的电石渣应用孔径不大于 3mm×3mm 的网过滤，检验时应加热至 70℃并保持 20min，没有乙炔气味后，方可使用。

19. 石料抗压强度试验用的立方体试件边长为（　　）。

A. 50±2mm　　　　　　　　　　B. 70±2mm

C. 120±2mm

D. 240±2mm

【答案】B

【解析】石料抗压强度试验又称为单轴抗压强度试验，是测定规则形状岩石试件的单轴抗压强度的方法，主要用于岩石的强度分级和岩性描述。立方体试件边长为70±2mm，每组试件6块。

20. 根据《混凝土面砖》GB 28635—2012，混凝土面砖的技术要求包括外观质量、尺寸允许偏差、（　　）、物理性能等。

A. 化学性能

B. 力学性能

C. 强度等级

D. 抗渗等级

【答案】C

【解析】根据《混凝土面砖》GB 28635—2012，混凝土面砖的技术要求包括外观质量、尺寸允许偏差、强度等级、物理性能等。

21. 下列关于钢材的分类的相关说法中，错误的是（　　）。

A. 按化学成分合金钢分为低合金钢、中合金钢和高合金钢

B. 按质量分为普通钢、优质钢和高级优质钢

C. 含碳量为0.2%～0.5%的碳素钢为中碳钢

D. 按脱氧程度分为沸腾钢、镇静钢和特殊镇静钢

【答案】C

【解析】按化学成分合金钢分为低合金钢、中合金钢和高合金钢。按脱氧程度分为沸腾钢、镇静钢和特殊镇静钢。按质量分为普通钢、优质钢和高级优质钢。碳素钢中中碳钢的含碳量为0.25%～0.6%。

22. 低碳钢是指含碳量（　　）的钢材。

A. 小于0.25%

B. 0.25%～0.6%

C. 大于0.6%

D. 0.6%～5%

【答案】A

【解析】低碳钢是指含碳量小于0.25%的钢材。

23. 在反复荷载作用下的结构构件，钢材往往在应力远小于抗拉强度时发生断裂，这种现象称为钢材的（　　）。

A. 徐变

B. 应力松弛

C. 疲劳破坏

D. 塑性变形

【答案】C

【解析】在反复荷载作用下的结构构件，钢材往往在应力远小于抗拉强度时发生断裂，这种现象称为钢材的疲劳破坏。

24. 下列关于钢结构用钢材的相关说法中，正确的是（　　）。

A. 工字钢主要用于承受轴向力的杆件、承受横向弯曲的梁以及联系杆件

B. Q235A代表屈服强度为235N/mm²，A级，沸腾钢

C. 低合金高强度结构钢均为镇静钢或特殊镇静钢

D. 槽钢广泛应用于各种建筑结构和桥梁，主要用于承受横向弯曲的杆件，但不宜单独用作轴心受压构件或双向弯曲的构件

【解析】Q235A 代表屈服强度为 235N/mm², A 级，镇静钢。低合金高强度结构钢均为镇静钢或特殊镇静钢。工字钢广泛应用于各种建筑结构和桥梁，主要用于承受横向弯曲（腹板平面内受弯）的杆件，但不宜单独用作轴心受压构件或双向弯曲的构件。槽钢主要用于承受轴向力的杆件、承受横向弯曲的梁以及联系杆件。

25. 下列关于型钢的相关说法中，错误的是（　　）。

A. 与工字钢相比，H 型钢优化了截面的分布，具有翼缘宽，侧向刚度大，抗弯能力强，翼缘两表面相互平行、连接构造方便，重量轻、节省钢材等优点

B. 钢结构所用钢材主要是型钢和钢板

C. 不等边角钢的规格以"长边宽度×短边宽度×厚度"（mm）或"长边宽度/短边宽度"（cm）表示

D. 在房屋建筑中，冷弯型钢可用做钢架、桁架、梁、柱等主要承重构件，但不可用作屋面檩条、墙架梁柱、龙骨、门窗、屋面板、墙面板、楼板等次要构件和围护结构

【答案】D

【解析】钢结构所用钢材主要是型钢和钢板。不等边角钢的规格以"长边宽度×短边宽度×厚度"（mm）或"长边宽度/短边宽度"（cm）表示。与工字钢相比，H 型钢优化了截面的分布，具有翼缘宽，侧向刚度大，抗弯能力强，翼缘两表面相互平行、连接构造方便，重量轻、节省钢材等优点。在房屋建筑中，冷弯型钢可用做钢架、桁架、梁、柱等主要承重构件，也被用作屋面檩条、墙架梁柱、龙骨、门窗、屋面板、墙面板、楼板等次要构件和围护结构。热轧碳素结构钢厚板，是钢结构的主要用钢材。

26.（　　）级钢冲击韧性很好，具有较强的抗冲击、振动荷载的能力，尤其适宜在较低温度下使用。

A. Q235A　　　　　　　　　　B. Q235B
C. Q235C　　　　　　　　　　D. Q235D

【答案】D

【解析】Q235D 级钢冲击韧性很好，具有较强的抗冲击、振动荷载的能力，尤其适宜在较低温度下使用。

27. 厚度大于（　　）mm 的钢板为厚板。

A. 2　　　　　　　　　　　　B. 3
C. 4　　　　　　　　　　　　D. 5

【答案】C

【解析】厚度大于 4mm 以上为厚板；厚度不大于 4mm 的为薄板。

28. 黏滞性是沥青最重要的技术性质。（　　）是评价沥青黏滞性的最重要的技术指标之一。

A. 延度　　　　B. 针入度　　　　C. 软化点　　　　D. 流动度

【答案】B

【解析】黏滞性是沥青最重要的技术性质。针入度是评价沥青黏滞性的最重要的技术指标之一。

29. 开级配沥青混合料设计空隙率（　　）。

A. ＜6％   B. 6％～12％   C. ≤18％   D. ＞18％

【答案】D

【解析】开级配沥青混合料是指矿料级配主要由粗集料嵌挤组成，细集料及填料较少，设计空隙率＞18％的混合料。

30. 沥青混合料用细集料是指粒径小于（ ）的天然砂、人工砂及石屑等。

A. 4.75   B. 2.36   C. 0.075   D. 9.5

【答案】B

【解析】沥青混合料用细集料是指粒径小于2.36mm的天然砂、人工砂及石屑等。

三、多选题

1. 下列各项，属于通用水泥的主要技术性质指标的是（ ）。

A. 细度   B. 凝结时间

C. 黏聚性   D. 体积安定性

E. 水化热

【答案】ABDE

【解析】通用水泥的主要技术性质有细度、标准稠度及其用水量、凝结时间、体积安定性、水泥的强度、水化热。

2. 下列关于通用水泥的主要技术性质指标的基本规定中，表述错误的是（ ）。

A. 硅酸盐水泥的细度用密闭式比表面仪测定

B. 硅酸盐水泥初凝时间不得早于45min，终凝时间不得迟于6.5h

C. 水泥熟料中游离氧化镁含量不得超过5.0％，三氧化硫含量不得超过3.5％。体积安定性不合格的水泥可用于次要工程中

D. 水泥强度是表征水泥力学性能的重要指标，它与水泥的矿物组成、水泥细度、水灰比大小、水化龄期和环境温度等密切相关

E. 熟料矿物中铝酸三钙和硅酸三钙的含量愈高，颗粒愈细，则水化热愈大

【答案】AC

【解析】硅酸盐水泥的细度用透气式比表面仪测定。硅酸盐水泥初凝时间不得早于45min，终凝时间不得迟于6.5h。水泥熟料中游离氧化镁含量不得超过5.0％，三氧化硫含量不得超过3.5％。体积安定性不合格的水泥为废品，不能用于工程中。水泥强度是表征水泥力学性能的重要指标，它与水泥的矿物组成、水泥细度、水灰比大小、水化龄期和环境温度等密切相关。熟料矿物中铝酸三钙和硅酸三钙的含量愈高，颗粒愈细，则水化热愈大。

3. 硬化混凝土的主要技术性质包括（ ）等。

A. 体积安定性   B. 强度

C. 抗冻性   D. 变形

E. 耐久性

【答案】BDE

【解析】混凝土拌合物的主要技术性质为和易性，硬化混凝土的主要技术性质包括强度、变形和耐久性等。

4. 下列关于普通混凝土的组成材料及其主要技术要求的相关说法中，正确的是（　　）。

A. 一般情况下，中、低强度的混凝土，水泥强度等级为混凝土强度等级的 1.0~1.5 倍

B. 天然砂的坚固性用硫酸钠溶液法检验，砂样经 5 次循环后其质量损失应符合国家标准的规定

C. 和易性一定时，采用粗砂配制混凝土，可减少拌合用水量，节约水泥用量

D. 按水源不同分为饮用水、地表水、地下水、海水及工业废水

E. 混凝土用水应优先采用符合国家标准的饮用水

【答案】BCE

【解析】一般情况下，中、低强度的混凝土（≤C30），水泥强度等级为混凝土强度等级的 1.5~2.0 倍。天然砂的坚固性用硫酸钠溶液法检验，砂样经 5 次循环后其质量损失应符合国家标准的规定。和易性一定时，采用粗砂配制混凝土，可减少拌合用水量，节约水泥用量。但砂过粗易使混凝土拌合物产生分层、离析和泌水等现象。按水源不同分为饮用水、地表水、地下水、海水及经处理过的工业废水。混凝土用水应优先采用符合国家标准的饮用水。

5. 混凝土缓凝剂主要用于（　　）的施工。

A. 高温季节混凝土　　　　　　　　B. 蒸养混凝土

C. 大体积混凝土　　　　　　　　　D. 滑模工艺混凝土

E. 商品混凝土

【答案】ACDE

【解析】缓凝剂适用于长时间运输的混凝土、高温季节施工的混凝土、泵送混凝土、滑模施工混凝土、大体积混凝土、分层浇筑的混凝土等。不适用于 5℃ 以下施工的混凝土，也不适用于有早强要求的混凝土及蒸养混凝土。

6. 混凝土引气剂适用于（　　）的施工。

A. 蒸养混凝土　　　　　　　　　　B. 大体积混凝土

C. 抗冻混凝土　　　　　　　　　　D. 防水混凝土

E. 泌水严重的混凝土

【答案】CDE

【解析】引气剂适用于配制抗冻混凝土、泵送混凝土、港口混凝土、防水混凝土以及骨料质量差、泌水严重的混凝土，不适宜配制蒸汽养护的混凝土。

7. 石灰砂浆的特性有（　　）。

A. 流动性好　　　　　　　　　　　B. 保水性好

C. 强度高　　　　　　　　　　　　D. 耐久性好

E. 耐火性好

【答案】AB

【解析】石灰砂浆强度较低，耐久性差，但流动性和保水性较好，可用于砌筑较干燥环境下的砌体。

8. 下列关于钢材的技术性能的相关说法中，正确的是（　　）。

A. 钢材最重要的使用性能是力学性能

B. 伸长率是衡量钢材塑性的一个重要指标，δ 越大说明钢材的塑性越好

C. 常用的测定硬度的方法有布氏法和洛氏法

D. 钢材的工艺性能主要包括冷弯性能、焊接性能、冷拉性能、冷拔性能、冲击韧性等

E. 钢材可焊性的好坏，主要取决于钢的化学成分。含碳量高将增加焊接接头的硬脆性，含碳量小于 0.2% 的碳素钢具有良好的可焊性

【答案】ABC

【解析】力学性能又称机械性能，是钢材最重要的使用性能。伸长率是衡量钢材塑性的一个重要指标，δ 越大说明钢材的塑性越好。常用的测定硬度的方法有布氏法和洛氏法。钢材的工艺性能主要包括冷弯性能、焊接性能、冷拉性能、冷拔性能等。钢材可焊性的好坏，主要取决于钢的化学成分。含碳量高将增加焊接接头的硬脆性，含碳量小于 0.25% 的碳素钢具有良好的可焊性。

9. 钢材的工艺性能主要包括（　　）。

A. 屈服强度　　　　　　　　　　　B. 冷弯性能

C. 焊接性能　　　　　　　　　　　D. 冷拉性能

E. 抗拉强度

【答案】BCD

【解析】钢材的工艺性能主要包括冷弯性能、焊接性能、冷拉性能、冷拔性能等。

10. 光圆钢筋的特点有（　　）。

A. 塑性好　　　　　　　　　　　　B. 焊接性能好

C. 机械连接性能好　　　　　　　　D. 强度高

E. 强度低

【答案】ABE

【解析】光圆钢筋的强度低，但塑性和焊接性能好，便于各种冷加工，因而广泛用作小型钢筋混凝土结构中的主要受力钢筋及大中型钢筋混凝土结构中的构造筋。

第三章　市政工程识图

一、判断题

1. 道路平面图主要表达地形、路线两部分内容。

【答案】正确

【解析】道路平面图主要表达地形、路线两部分内容。

2. 道路纵断面图的作用是表达路线中心纵向线形以及地面起伏、地质和沿线设置构造物的概况。

【答案】正确

【解析】道路纵断面图的作用是表达路线中心纵向线形以及地面起伏、地质和沿线设置构造物的概况。

3. 桥台仅仅起到支承桥梁的作用。

【答案】错误

【解析】下部结构包括盖梁、桥（承）台和桥墩（柱）。下部结构的作用是支撑上部结构，并将结构重力和车辆荷载等传给地基；桥台还与路堤连接并抵御路堤土压力。

4. 市政给水和排水工程施工图可大致分为：给水和排水管道工程施工图、水处理构筑物施工图及工艺设备安装图。

【答案】正确

【解析】市政给水和排水工程施工图可大致分为：给水和排水管道工程施工图、水处理构筑物施工图及工艺设备安装图。

5. 道路平面图比例通常为1:500。

【答案】错误

【解析】根据不同的地形地貌特点，地形图采用不同的比例。一般常采用的比例为1:1000。由于城市规划图的比例通常为1:500，所以道路平面图图示比例多为1:5000。

6. 桥台构件详图图示比例为1:500，通过平、立、剖三视图表现。

【答案】错误

【解析】桥台构件详图图示比例为1:100，通过平、立、剖三视图表现。

7. 给水排水施工图的线宽是根据图纸的类别、比例和复杂程度确定的。一般线宽为0.7~1mm。

【答案】正确

【解析】给水排水施工图的线宽是根据图纸的类别、比例和复杂程度确定的。一般线宽为0.7~1mm。

8. 绘制地形图，将地形地物按照规定图例及选定比例描绘在图纸上，必要时用文字或符号注明。

【答案】正确

【解析】绘制地形图，将地形地物按照规定图例及选定比例描绘在图纸上，必要时用文字或符号注明。

9. 绘制路线中心线时，应按先绘制直线，再绘制曲线。

【答案】错误

【解析】绘制路线中心线。路中心线按先曲线、后直线的顺序画出。

10. 桥梁总体布置图应按照三视图绘制纵向立面图与纵向剖面图，并加横向平面图。

【答案】错误

【解析】桥梁总体布置图应按照三视图绘制纵向立面图与横向剖面图，并加纵向平面图。

11. 道路平面图识读要仔细阅读设计说明，确定图工程范围、设计标准和施工难度、重点。

【答案】正确

【解析】道路平面图识读：仔细阅读设计说明，确定图工程范围、设计标准和施工难度、重点。

12. 涵洞设计图包括涵洞工程数量表、涵洞设计布置图、涵洞结构设计图。

【答案】正确

【解析】小桥、涵洞设计图包括小桥工程数量表、小桥设计布置图、结构设计图、涵洞工程数量表、涵洞设计布置图、涵洞结构设计图。

13. 市政管道纵断面图布局一般分上下两部分，上方为图样，下方为资料列表，根据里程桩号对应识读。

【答案】错误

【解析】市政管道纵断面图布局一般分上下两部分，上方为图样，下方为资料列表，根据高程桩号对应识读。

二、单选题

1. 规划红线是道路的用地界线，常用（　　）表示。
A. 单实线　　　　　　　　　　　B. 双实线
C. 点画线　　　　　　　　　　　D. 双点画线

【答案】D

【解析】规划红线是道路的用地界线，常用双点画线表示。

2. 下列不属于平面交叉口的组织形式的是（　　）。
A. 渠化　　　　　　　　　　　　B. 环形
C. 汇集　　　　　　　　　　　　D. 自动化

【答案】C

【解析】平面交叉口组织形式分为渠化、环形和自动化交通组织等。

3. 行车路线往往在某些点位置处汇集，专业上称该点为（　　）。
A. 交织点　　　　　　　　　　　B. 冲突点
C. 分流点　　　　　　　　　　　D. 汇集点

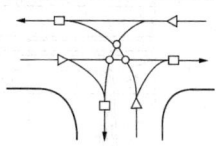

【答案】A

【解析】在平面交叉口处不同方向的行车往往相互干扰影响，行车路线往往在某些点位置相交、分叉或是汇集，专业上将这些点称为冲突点、分流点和交织点。

4. 在右图中，"△"表示（　　）。

A. 冲突点
B. 分流点
C. 合流点
D. 以上答案均不是

【答案】B

【解析】在平面交叉口处不同方向的行车往往相互干扰影响，行车路线往往在某些点位置相交、分叉或是汇集，专业上将这些点成为冲突点、分流点和合流点。

5. 下列不属于桥梁附属结构的是（　　）。

A. 桥台
B. 桥头锥形护坡
C. 护岸
D. 导流结构物

【答案】A

【解析】附属结构包括防撞装置、排水装置和桥头锥形护坡、挡土墙、隔声屏照明灯柱、绿化植物等结构物。

6. 给水排水管平面图一般采用的比例是（　　）。

A. 1:50～1:100
B. 1:100～1:500
C. 1:500～1:2000
D. 1:2000～1:5000

【答案】C

【解析】给水排水管道（渠）平面图：一般采用比例尺寸 1:500～1:2000。

7. 由于城市道路一般比较平坦，因此多采用大量的地形点来表示地形高程，其中（　　）表示测点。

A. ▼
B. ◆
C. ●
D. ■

【答案】A

【解析】用"▼"图示测点，并在其右侧标注绝对高程数值。

8. 在道路纵断面图中，规定铅垂向的比例比水平向的比例放大（　　）倍。

A. 5
B. 10
C. 15
D. 20

【答案】B

【解析】由于现况地面线和设计线的高差比路线的长度小得多，图纸规定铅垂向的比例比水平相的比例放大 10 倍。

9. 如下图（单位：厘米）所示，图中墩帽在横桥向的尺寸是（　　）cm。

A. 155
B. 310
C. 590
D. 900

【答案】D

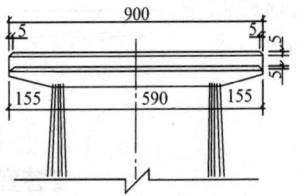

【解析】图中墩帽在横桥向的尺寸是 900cm。

10. 在下图中，①号钢筋的根数是（　　）根。

A. 28 　　　　　　　　　　　　 B. 35

C. 45 　　　　　　　　　　　　 D. 200

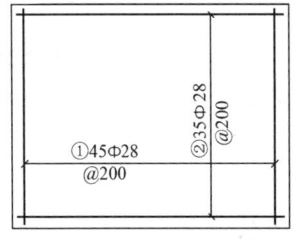

【答案】C

【解析】标注钢筋的根数、直径和等级。如 3 Φ 20，3：表示钢筋的根数；Φ：表示钢筋等级，直径符号；20：表示钢筋直径。

11. 不同的材料制成的市政管道，其管径的表示方法也不同，下列属于球墨铸铁管、铸铁管等管材管径的表示方法的是（　　）。

A. 公称直径 DN 　　　　　　　 B. 外径×壁厚

C. 内径 d 　　　　　　　　　　 D. 按产品标准的方法表示

【答案】A

【解析】管径以"mm"为单位。球墨铸铁管、钢管等管材，管径以公称直径 DN 表示（如 DN150、DN200）。

12. 下列不属于道路横断面图的绘制步骤与方法的是（　　）。

A. 绘制现况地面线、设计道路中线

B. 绘制路面线、路肩线、边坡线、护坡线

C. 根据设计要求，绘制市政管线

D. 绘制设计路面标高线

【答案】D

【解析】道路横断面图的绘制步骤与方法：1）绘制现况地面线、设计道路中线；2）绘制路面线、路肩线、边坡线、护坡线；3）根据设计要求，绘制市政管线。管线横断面应采用规范图例；4）当防护工程设施标注材料名称时，可不画材料符号，其断面剖面线可省略。

13. 在绘制桥梁立面图时，地面以下一定范围可用（　　）省略，以缩小竖向图的显示范围。

A. 折断线 　　　　　　　　　　 B. 点画线

C. 细实线 　　　　　　　　　　 D. 虚线

【答案】A

【解析】地面以下一定范围可用折断线省略，以缩小竖向图的显示范围。

14. 管网总平面布置图标注建、构筑物角坐标，通常标注其（　　）个角坐标。

A. 1 　　　　　　 B. 2 　　　　　　 C. 3 　　　　　　 D. 4

【答案】C

【解析】标注建、构筑物角坐标。通常标注其 3 个角坐标，当建、构筑物与施工坐标轴线平行时，可标注其对角坐标。

15. 道路横断面图的比例，视（   ）而定。

A. 排水横坡度

B. 各结构层的厚度

C. 路基范围及道路等级

D. 切缝深度

【答案】C

【解析】道路横断面图的比例，视路基范围及道路等级而定。

16. 市政管道纵断面图布局一般分上下两部分，上方为（   ），下方（   ）。

A. 图样，结构图

B. 图样，平面图

C. 结构图，资料列表

D. 图样，资料列表

【答案】D

【解析】市政管道纵断面图布局一般分上下两部分，上方为图样，下方资料列表，根据高程桩号对应识读。

17. 市政管道纵断面图布局一般分上下两部分，上方为（   ），下方（   ）。

A. 纵断图，结构图

B. 纵断图，平面图

C. 结构图，列表

D. 纵断图，列表

【答案】D

【解析】市政管道纵断面图布局一般分上下两部分，上方为纵断图，下方为列表，标注管线井室的桩号、高程等信息。

三、多选题

1. 设计总说明，通常包括（   ）。

A. 设计内容   B. 设计依据   C. 设计标准   D. 工程概况

E. 工程部署

【答案】ABCD

【解析】设计总说明，通常包括设计内容、设计依据、设计标准、工程概况、工程施工验收标准。

2. 下列关于桥梁构件结构图说法错误的是（   ）。

A. 钢筋混凝土桩主要由桩身和桩尖组成

B. 桥台是桥梁的上部结构

C. 桥墩起到支撑桥梁的作用

D. 主梁是桥体主要受力构件

E. 桥面系起到装饰桥梁的作用

【答案】BCE

【解析】钢筋混凝土桩主要由桩身和桩尖组成。作为桥梁的下部结构，桥台一方面起到支撑桥梁的作用，另一方面承受桥头路堤填土的水平推力。桥墩属桥梁下部结构。主梁是桥梁的上部结构，架设在墩台、盖梁之上，是桥体主要受力构件。桥面系是直接承受车辆、人群等荷载并将其传递至主要承重构件的桥面构造系统，包括桥面铺装、桥面板、栏杆、伸缩缝及人行道等。

3. 桥梁工程图主要由（　　）等部分组成。

A. 桥位平面图　　　　　　　　　　B. 桥位地质断面图

C. 各部位配筋图　　　　　　　　　D. 桥梁总体布置图

E. 桥梁构件结构图

【答案】 ABDE

【解析】 桥梁工程图主要由桥位平面图、桥位地质断面图、桥梁总体布置图及桥梁构件结构图组成。

4. 下列关于道路纵断面图的说法中错误的是（　　）。

A. 图样部分中，水平方向表示路线长度，垂直方向表示宽度

B. 图样中部规则的细折线表示道路路面中心线的设计高程

C. 图上常用比较规则的直线与曲线相间粗实线图示出设计线

D. 在设计线上标注沿线设置的水准点所在的里程

E. 在设计线的上方或下方标注其编号及与路线的相对位置

【答案】 ACE

【解析】 关于道路纵断面图，图样部分中，水平方向表示路线长度，垂直方向表示高程。图样中规则的细折线表示沿道路设计中心线处的现况地面线。图上常用比较规则的直线与曲线相间粗实线图示出设计坡度，简称设计线，表示道路路面中心线的设计高程。在设计线的上方或下方，标注沿线设置的水准点所在的里程，并标注其编号及与路线的相对位置。

5. 下列说法中错误的是（　　）。

A. 为了显示地质和河床深度变化情况，标高方向的比例比水平方向的比例小

B. 纵向立面图和平面图的绘图比例不相同

C. 用立面图表示桥梁所在位置的现况道路断面

D. 平面图通常采用半平面图和半墩台柱平面图的图示方法

E. 剖面图通过对两个不同位置进行剖切，组合构成图样进行图示

【答案】 AB

【解析】 为了显示地质和河床深度变化情况，标高方向的比例比水平方向的比例大。纵向立面图和平面图的绘图比例相同，通常采用 1∶500～1∶1000。用立面图表示桥梁所在位置的现况道路断面，并通过图例示意所在地层土质分层情况，标注各层的土质名称。平面图通常采用半平面图和半墩台柱平面图的图示方法。剖面图通过对两个不同位置进行剖切，组合构成图样进行图示。

6. 下列不属于道路纵断面图的绘制步骤与方法的是（　　）。

A. 选定适当的比例，绘制表格及高程坐标，列出工程需要的各项内容

B. 绘制原地面标高线

C. 绘制地形图

D. 绘制路面线、路肩线、边坡线、护坡线

E. 绘制设计路面标高线

【答案】 CD

【解析】 1）选定适当的比例，绘制表格及高程坐标，列出工程需要的各项内容。

2）绘制原地面标高线。根据测量结果，用细直线连接各桩号位置的原地面高程点。3）绘制设计路面标高线。依据设计纵坡及各桩号位置的路面设计高程点，绘制出设计路面标高线。4）标注水准点位置、编号及高程。注明沿线构筑物的编号、类型等数据，竖曲线的图例等数据。5）同时注写图名、图标、比例及图纸编号。特别注意路线的起止桩号，以确保多张路线纵断面的衔接。

7. 在绘制道路纵断面图时，以下哪些内容是需要列出的（   ）。

A. 曲线要素   B. 地质情况

C. 现况地面标高   D. 设计路面标高

E. 坡度与坡长

【答案】BCDE

【解析】1）选定适当的比例，绘制表格及高程坐标，列出工程需要的各项内容。2）绘制原地面标高线。根据测量结果，用细直线连接各桩号位置的原地面高程点。3）绘制设计路面标高线。依据设计纵坡及各桩号位置的路面设计高程点，绘制出设计路面标高线。4）标注水准点位置、编号及高程。注明沿线构筑物的编号、类型等数据，竖曲线的图例等数据。5）同时注写图名、图标、比例及图纸编号。特别注意路线的起止桩号，以确保多张路线纵断面的衔接。

8. 下列属于识读单张图纸的方法是（   ）。

A. 总体了解   B. 前后对照

C. 由外向里   D. 由大到小

E. 由粗到细

【答案】CDE

【解析】成套施工设计图纸识图时，应遵循"总体了解、顺序识读、前后对照、重点细读"的方法。单张图纸识读时，应"由外向里、由大到小、由粗到细、图样与说明交替、有关图纸对照看"的方法。

第四章　市政施工技术

一、判断题

1. 注浆加固法应设置竖向排水体，竖向排水体一般有普通砂井、袋装砂井和塑料排水带。

【答案】错误

【解析】堆载预压法应设置竖向排水体，竖向排水体一般有普通砂井、袋装砂井和塑料排水带。

2. 真空预压法在竖向排水体与堆载预压法相同，而砂垫层设置上与堆载预压法不相同。

【答案】错误

【解析】真空预压法在竖向排水体和砂垫层设置上与堆载预压法相同。

3. 注浆加固法适用于砂土、粉土、黏性土和一般填土层。

【答案】正确

【解析】注浆法适用于砂土、粉土、黏性土和一般填土层。

4. 高压喷射注浆法的注浆形式分旋喷、定喷和摆喷三种类型。

【答案】正确

【解析】高压喷射注浆法的注浆形式分旋喷、定喷和摆喷三种类型。

5. 扩展基础是将上部结构传来的荷载，通过向侧边扩展成一定底面积，使作用在基底的压应力等于或小于地基土的允许承载力，而基础内部的应力同时应满足材料本身的强度要求。

【答案】正确

【解析】扩展基础是将上部结构传来的荷载，通过向侧边扩展成一定底面积，使作用在基底的压应力等于或小于地基土的允许承载力，而基础内部的应力同时应满足材料本身的强度要求。

6. 深度在5m以内时不必放坡。

【答案】错误

【解析】深度在5m以内时，当具有天然湿度，构造均匀，水文地质条件好且无地下水，不加支撑的沟槽，必须放坡。

7. 依照成孔方法不同，灌注桩可分为泥浆护壁成孔、干作业成孔、护筒（沉管）灌注桩即爆破成孔等几类。

【答案】正确

【解析】依照成孔方法不同，灌注桩可分为泥浆护壁成孔、干作业成孔、护筒（沉管）灌注桩即爆破成孔等几类。

8. 人工挖孔桩适用于钻机作业困难、施工范围现场有地下水，且较密实的土或岩石地层条件下施工。

【答案】错误

【解析】人工挖孔桩适用于钻机作业困难、施工范围现场无地下水，且较密实的土或岩石地层条件下施工。

9. 路堤填方的路基主要由机械分段进行施工，每段"挖、填、压"应连续完成。

【答案】正确

【解析】路堤填方的路基主要由机械分段进行施工，每段"挖、填、压"应连续完成。

10. 路床碾压应"先重后轻"碾压，碾压遍数应按压实度、压实工具和含水量要求，经现场试验确定。

【答案】错误

【解析】路床碾压应"先轻后重"碾压，碾压遍数应按压实度、压实工具和含水量要求，经现场试验确定。

11. 砂石铺筑应分层、分段进行。每层厚度，一般为 15～20cm，最大不超过 30cm。

【答案】正确

【解析】砂石铺筑应分层、分段进行。每层厚度，一般为 15～20cm，最大不超过 30cm。

12. 水泥稳定土适用于高级沥青路面的基层，只能用于底基层。

【答案】正确

【解析】水泥稳定土适用于高级沥青路面的基层，只能用于底基层。

13. 热拌沥青混合料（HMA）适用于各种等级道路的沥青路面，通常分为普通沥青混合料和改性沥青混合料。

【答案】正确

【解析】热拌沥青混合料（HMA）适用于各种等级道路的沥青路面，其种类按集料公称最大粒径、矿料级配、孔隙率划分，通常分为普通沥青混合料和改性沥青混合料。

14. 在地基或基土上浇筑混凝土时，应清除淤泥和杂物，并应有排水和防水措施。

【答案】正确

【解析】浇筑前应对承台（基础）混凝土顶面做凿毛处理，并清除模板内的垃圾、杂物。

15. 城市桥梁桥面铺装多以沥青混凝土铺装形式。

【答案】正确

【解析】常用的桥面铺装有水泥混凝土、沥青混凝土两种铺装形式，城市桥梁以后者居多。

16. 联合槽适用于两条或两条以上的管道埋设在同一沟槽内。

【答案】正确

【解析】联合槽适用于两条或两条以上的管道埋设在同一沟槽内。

17. 在开挖地下水水位以下的土方前应先修建集水井。

【答案】正确

【解析】在开挖地下水水位以下的土方前应先修建集水井。

18. 高密度聚乙烯（HDPE）管道砂垫层铺设，基础垫层厚度，应不小于设计要求，即管径 315mm 以下为 150mm，管径 600mm 以下为 100mm。

【答案】错误

【解析】高密度聚乙烯（HDPE）管道砂垫层铺设：管道基础，应按设计要求铺设，基础垫层厚度，应不小于设计要求，即管径 315mm 以下为 100mm，管径 600mm 以下为 150mm。

19. 盾构机种类繁多，按开挖面是否封闭划分为有土压式和泥水式两种。

【答案】错误

【解析】盾构机种类繁多，按开挖面是否封闭划分为有密闭式和敞开式两种。

20. 沉井施工适用于含水、软土地层条件下地下或地下泵站及水池构筑物施工。

【答案】正确

【解析】沉井施工适用于含水、软土地层条件下地下或地下泵站及水池构筑物施工。

21. 沉井预制中设计无要求时，混凝土强度达到设计强度等级 95% 后，方可拆除木板或浇筑后节混凝土。

【答案】错误

【解析】沉井预制中设计无要求时，混凝土强度达到设计强度等级 75% 后，方可拆除木板或浇筑后节混凝土。

二、单选题

1. 为避免基底扰动，应保留（   ）mm 土层不挖，人工清理。

A. 50～150
B. 100～200
C. 150～250
D. 200～300

【答案】B

【解析】开挖接近预定高程时保留 100～200mm 厚土层不挖，在换填开始前人工清理至设计标高，避免基底扰动。

2. 真空预压的施工顺序一般为（   ）。

A. 设置竖向排水体→铺设排水垫层→埋设滤管→开挖边沟→铺膜、填沟、安装射流泵等→抽空→抽真空、预压

B. 铺设排水垫层→设置竖向排水体→开挖边沟→埋设滤管→铺膜、填沟、安装射流泵等→抽空→抽真空、预压

C. 铺设排水垫层→设置竖向排水体→埋设滤管→开挖边沟→铺膜、填沟、安装射流泵等→抽空→抽真空、预压

D. 铺设排水垫层→设置竖向排水体→埋设滤管→开挖边沟→抽空→铺膜、填沟、安装射流泵等→抽真空、预压

【答案】C

【解析】真空预压的施工顺序一般为：铺设排水垫层→设置竖向排水体→埋设滤管→开挖边沟→铺膜、填沟、安装射流泵等→抽空→抽真空、预压。

3. 对于饱和夹砂的黏性土地层，可采用（   ）。

A. 强夯置换法
B. 真空预压法

C. 降水联合低能级强夯法　　　　　　D. 换填法

【答案】C

【解析】对于饱和夹砂的黏性土地层，可采用降水联合低能级强夯法。

4. 高压喷射注浆法施工工序为（　　）。

A. 机具就位→置入喷射管→钻孔→喷射注浆→拔管→冲洗

B. 机具就位→钻孔→拔管→置入喷射管→喷射注浆→冲洗

C. 机具就位→钻孔→置入喷射管→喷射注浆→拔管→冲洗

D. 钻孔→机具就位→置入喷射管→喷射注浆→拔管→冲洗

【答案】C

【解析】高压喷射注浆法施工工序为：机具就位→钻孔→置入喷射管→喷射注浆→拔管→冲洗等。

5. 深层搅拌法固化剂的主剂是（　　）。

A. 混凝土　　　　　　　　　　　　　B. 减水剂

C. 水泥浆　　　　　　　　　　　　　D. 粉煤灰

【答案】C

【解析】深层搅拌法是以水泥浆作为固化剂的主剂。

6. 水泥粉煤灰碎石桩的施工工艺流程为（　　）。

A. 桩位测量→桩机就位→钻进成孔→混凝土浇筑→移机→检测→褥垫层施工

B. 桩机就位→桩位测量→钻进成孔→混凝土浇筑→移机→检测→褥垫层施工

C. 桩位测量→桩机就位→钻进成孔→移机→混凝土浇筑→检测→褥垫层施工

D. 桩机就位→桩位测量→钻进成孔→移机→混凝土浇筑→检测→褥垫层施工

【答案】A

【解析】水泥粉煤灰碎石桩的一般施工工艺流程为：桩位测量→桩机就位→钻进成孔→混凝土浇筑→移机→检测→褥垫层施工。

7. 适用于含水层为砂性，目前施工中使用比较广泛的降水措施是（　　）。

A. 明沟排水　　　　　　　　　　　　B. 轻型井点

C. 管井降水　　　　　　　　　　　　D. 集水坑排水

【答案】B

【解析】轻型井点适用于含水层为砂性土，渗透系数在 $2\sim50\mathrm{m/d}$ 的土层，降低水位为 $3\sim7\mathrm{m}$，是目前施工中使用比较广泛的降水措施。

8. 人工开挖沟槽的深度超过 3.0m 时，分层开挖的煤层深度不宜超过（　　）m。

A. 1.0　　　　　　　　　　　　　　　B. 2.0

C. 3.0　　　　　　　　　　　　　　　D. 5.0

【答案】B

【解析】开挖应从上到下分层分段进行，人工开挖沟槽的深度超过 3.0m 时，分层开挖的煤层深度不宜超过 2.0m。

9. 土钉支护基坑的施工工艺流程为（　　）。

A. 开挖工作面→铺设固定钢筋网→土钉施工→喷射混凝土面层

B. 土钉施工→开挖工作面→铺设固定钢筋网→喷射混凝土面层

C. 铺设固定钢筋网→开挖工作面→土钉施工→喷射混凝土面层

D. 开挖工作面→土钉施工→铺设固定钢筋网→喷射混凝土面层

【答案】 D

【解析】 土钉支护基坑的施工工艺流程：开挖工作面→土钉施工→铺设固定钢筋网→喷射混凝土面层。

10. 下列不属于现浇混凝土护壁的是（　　）。

A. 等厚度护壁

B. 不等厚度护壁

C. 外齿式护壁

D. 内齿式护壁

【答案】 B

【解析】 护壁有多种形式，常用的是现浇混凝土护壁：1）等厚护壁、2）外齿式护壁、3）内齿式护壁。

11. 路堤填方施工工艺流程为（　　）。

A. 现场清理、填前碾压→碾压→填筑→质量检验

B. 现场清理、填前碾压→填筑→碾压→质量检验

C. 现场清理、填前碾压→碾压→质量检验→填筑

D. 现场清理、填前碾压→质量检验→填筑→碾压

【答案】 B

【解析】 现场清理、填前碾压→填筑→碾压→质量检验。

12. 一般机械挖路堑施工工艺流程为（　　）。

A. 边坡施工→路床碾压→路堑开挖→质量检验

B. 路堑开挖→路床碾压→边坡施工→质量检验

C. 路堑开挖→边坡施工→路床碾压→质量检验

D. 边坡施工→路堑开挖→路床碾压→质量检验

【答案】 C

【解析】 一般机械挖路堑施工工艺流程为：路堑开挖→边坡施工→路床碾压→质量检验。

13. 砂石铺筑垫层施工应按（　　）的顺序进行。

A. 先深后浅

B. 先浅后深

C. 先上后下

D. 先下后上

【答案】 A

【解析】 砂石铺筑垫层施工应按先深后浅的顺序进行。

14. 级配砂砾基层施工工艺流程为（　　）。

A. 拌合→运输→摊铺→碾压→养护

B. 运输→拌合→碾压→摊铺→养护

C. 拌合→运输→碾压→摊铺→养护

D. 运输→拌合→摊铺→碾压→养护

【答案】 A

【解析】 级配砂砾（碎石、碎砾石）基层施工工艺流程为：拌合→运输→摊铺→碾压→养护。

15. 沥青混合料面层基本施工工艺流程为（　　）。

A. 洒布车撒布→洒布石屑→人工补撒→养护

B. 洒布车撒布→养护→人工补撒→洒布石屑

C. 洒布车撒布→洒布石屑→养护→人工补撒

D. 洒布车撒布→人工补撒→洒布石屑→养护

【答案】D

【解析】沥青混合料面层基本施工工艺流程为：洒布车撒布→人工补撒→洒布石屑→养护。

16. 板式橡胶支座一般工艺流程主要包括（　　）。

A. 支座垫石凿毛处理、测量放线、找平修补、环氧砂浆拌制、支座安装等

B. 测量放线、支座垫石凿毛处理、环氧砂浆拌制、找平修补、支座安装等

C. 支座垫石凿毛处理、测量放线、环氧砂浆拌制、找平修补、支座安装等

D. 测量放线、支座垫石凿毛处理、找平修补、环氧砂浆拌制、支座安装等

【答案】A

【解析】板式橡胶支座一般工艺流程主要包括：支座垫石凿毛处理、测量放线、找平修补、环氧砂浆拌制、支座安装等。

17. 对孔道已压浆的后张有黏结预应力混凝土构件，当日平均气温不低于20℃时，龄期不小于（　　）d。

A. 3　　　　　　　　　　　　　　　B. 5

C. 7　　　　　　　　　　　　　　　D. 28

【答案】B

【解析】对孔道已压浆的后张有黏结预应力混凝土构件，其孔道水泥浆的强度不应低于设计要求，如设计无要求时，一般不低于30MPa。当日平均气温不低于20℃时，龄期不小于5d；当日平均气温低于20℃时，龄期不小于7d。

18. 下列各项中，不属于架桥机的是（　　）。

A. 单导梁　　　　　　　　　　　　B. 双导梁

C. 多导梁　　　　　　　　　　　　D. 斜拉式

【答案】C

【解析】按结构形式的不同，架桥机又分为单导梁、双导梁、斜拉式和悬吊式等等。

19. 非承重侧模板在混凝土强度能保证拆模时不损坏表面及棱角，一般以混凝土强度达到（　　）MPa为准。

A. 1.5　　　　　　　　　　　　　　B. 2

C. 2.5　　　　　　　　　　　　　　D. 3

【答案】C

【解析】非承重侧模板在混凝土强度能保证其表面及棱角不致因拆模受损害时方可拆除，一般以混凝土强度达到2.5MPa方可拆除侧模。

20. 移动模架施工工艺流程为（　　）。

A. 移动模架组装→移动模架预压→预压结果评价→模板调整→绑扎钢筋→浇筑混凝土→预应力张拉、压浆→移动模板架过孔

B. 移动模架组装→模板调整→绑扎钢筋→移动模架预压→预压结果评价→浇筑混凝土→预应力张拉、压浆→移动模板架过孔

C. 移动模架组装→绑扎钢筋→移动模架预压→预压结果评价→模板调整→浇筑混凝土→预应力张拉、压浆→移动模板架过孔

D. 移动模架组装→模板调整→移动模架预压→预压结果评价→绑扎钢筋→浇筑混凝土→预应力张拉、压浆→移动模板架过孔

【答案】A

【解析】 移动模架施工工艺流程为：移动模架组装→移动模架预压→预压结果评价→模板调整→绑扎钢筋→浇筑混凝土→预应力张拉、压浆→移动模板架过孔。

21. 不属于常用沟槽支撑形式的是（　　）。

A. 横撑　　　　　　　　　　　B. 竖撑

C. 纵撑　　　　　　　　　　　D. 板桩撑

【答案】C

【解析】 常用支撑形式主要有：横撑、竖撑、板桩撑等。

22. 排水沟断面尺寸一般为（　　）。

A. 10cm×10cm　　　　　　　B. 30cm×30cm

C. 50cm×50cm　　　　　　　D. 100cm×100cm

【答案】B

【解析】 排水沟断面尺寸一般为30cm×30cm，深度不小于30cm，坡度为3%～5%。

23. 市政给水管道中所使用的钢管主要采用（　　）接口。

A. 柔性　　　　　　　　　　　B. 热熔

C. 承插　　　　　　　　　　　D. 焊接

【答案】D

【解析】 市政给水管道中所使用的钢管主要采用焊接接口。

24. 直埋管道接头的一级管网的现场安装的接头密封应进行（　　）的气密性检验。

A. 20%　　　　　　　　　　　B. 50%

C. 80%　　　　　　　　　　　D. 100%

【答案】D

【解析】 直埋管道接头的密封应符合：一级管网的现场安装的接头密封应进行100%的气密性检验。

25. 水文气象不稳定、沉管距离较长、水流速度相对较大时，可采用（　　）。

A. 水面浮运法　　　　　　　　B. 铺管船法

C. 底拖法　　　　　　　　　　D. 浮运发

【答案】B

【解析】 水文气象不稳定、沉管距离较长、水流速度相对较大时，可采用铺管船法。

26. 不开槽施工方法中，一般情况下，浅埋暗挖法适用于直径（　　）管道施工。

A. 100～1000mm　　　　　　B. 2000mm以上

C. 800～3000mm　　　　　　D. 3000mm以上

【答案】B

【解析】 不开槽施工方法中，一般情况下，浅埋暗挖法适用于直径2000mm以上管道施工。

三、多选题

1. 下列关于真空预压法施工要点中，正确的是（   ）。

A. 水平向分部滤水管可采用条状、梳齿状、羽字状或目字状等形式，滤水管布置宜形成回路

B. 铺膜应选择在无风无雨的天气分次抽完，当连续 5d 测沉降速率不大于 2mm/d，或取得数据满足工程要求时，可停止抽真空

C. 密封膜采用抗老化性能好、韧性好、抗刺穿能力强的塑料薄膜

D. 抽真空设备一套设备有效控制面积一般为 600～800mm²

E. 对沉降要求控制严格、地基承载力和稳定性要求较高的工程，或为加快预压进度，可采用超载预压法加固

【答案】ACE

【解析】水平向分部滤水管可采用条状、梳齿状、羽字状或目字状等形式，滤水管布置宜形成回路。铺膜应选择在无风无雨的天气一次抽完。密封膜采用抗老化性能好、韧性好、抗刺穿能力强的塑料薄膜，厚度 0.12～0.16mm，铺设二层或三层。抽真空设备一套设备有效控制面积一般为 1000～1500mm²。空度可一次抽真空至最大，当连续 5d 测沉降速率不大于 2mm/d，或取得数据满足工程要求时，可停止抽真空。对沉降要求控制严格、地基承载力和稳定性要求较高的工程，或为加快预压进度，可采用超载预压法加固。

2. 下列换填法施工要点正确的是（   ）。

A. 施工前应消除表层杂草、树根等杂物以及表层耕土，清除河塘、水槽、水田范围的淤泥及腐殖土

B. 换填应分层摊铺、分层压实进行

C. 开挖时保留 200～400mm 厚土层不挖

D. 分段施工时，不得在基础、墙角下接缝。

E. 严格控制换填材料的含水量在最佳含水量±5％范围内

【答案】ABD

【解析】施工前应消除表层杂草、树根等杂物以及表层耕土，清除河塘、水槽、水田范围的淤泥及腐殖土。开挖时保留 100～200mm 厚土层不挖。严格控制换填材料的含水量在最佳含水量±2％范围内，保证压实效果。换填应分层摊铺、分层压实进行。分段施工时，不得在基础、墙角下接缝。

3. 下列关于高压喷射注浆法的各项中，正确的是（   ）。

A. 施工前进行试桩，确定施工工艺和技术参数，作为施工控制依据，试桩数量不应少于 2 根

B. 水泥浆液的水胶比按要求确定，可取 0.3～1.5，常用为 1.0

C. 注浆管分段提升的搭接长度一般大于 50mm

D. 钻机与高压泵的距离不宜大于 50m

E. 高压喷射注浆完毕，可在原孔位采用冒浆回灌或第二次注浆等措施

【答案】ADE

【解析】施工前进行试桩，确定施工工艺和技术参数，作为施工控制依据。试桩数量

不应少于 2 根。水泥浆液的水胶比按要求确定,可取 0.8～1.5,常用为 1.0。钻机与高压泵的距离不宜大于 50m。注浆管分段提升的搭接长度一般大于 100mm。高压喷射注浆完毕,可在原孔位采用冒浆回灌或第二次注浆等措施。

4. 下列关于沉入桩施工要点的说法中,表述正确的是 (　　)。

A. 水泥混凝土预制桩要达到 100% 设计强度并具有 28d 龄期方可沉入

B. 端承桩的入土深度控制以桩尖设计标高为主,最后以贯入度作参考

C. 打桩一般采用重锤低击,打入过程中,应始终保持锤、桩帽和桩身在同一轴线上。

D. 群桩施工时,由一端向另一端打,先深后浅,先坡顶后坡脚;密集群桩由中心向四边打;靠近建筑的桩先打,然后往外打

E. 应详细、准确地填写打桩记录;特别是最后 100cm 桩长的锤击高度及桩的贯入度

【答案】ACD

【解析】水泥混凝土预制桩要达到 100% 设计强度并具有 28d 龄期方可沉入。打桩顺序:群桩施工时,桩会把土挤紧或使土上拱。因此应由一端向另一端打,先深后浅,先坡顶后坡脚;密集群桩由中心向四边打;靠近建筑的桩先打,然后往外打。打桩方法:一般采用重锤低击,打入过程中,应始终保持锤、桩帽和桩身在同一轴线上。承受轴向荷载为主的摩擦桩沉桩时,入土深度控制以桩尖设计标高为主,最后以贯入度作参考;端承桩的入土深度控制以最后贯入度为主,桩尖设计标高为参考。应详细、准确地填写打桩记录;特别是最后 50cm 桩长的锤击高度及桩的贯入度。

5. 下列关于无支护基坑放坡的说法中,表述正确的是 (　　)。

A. 深度在 5m 以内时,当具有天然湿度,构造均匀,水文地质条件好且无地下水,不加支撑的沟槽,可以不放坡

B. 当土质变差时,应按实际情况加大边坡

C. 基坑深度大于 5m 时,坑壁坡度适当放缓,或加做平台

D. 当基坑开挖经过不同类别的土层或深度超过 10m 时,坑壁边坡可按各层土质采用不同坡度

E. 基坑开挖因邻近建筑物限制,应采用边坡支护措施

【答案】BCDE

【解析】深度在 5m 以内时,当具有天然湿度,构造均匀,水文地质条件好且无地下水,不加支撑的沟槽,必须放坡。当土质变差时,应按实际情况加大边坡。基坑深度大于 5m 时,坑壁坡度适当放缓,或加做平台,开挖深度超过 5.0m 时,应进行边坡稳定性计算,制定边坡支护专项施工方案。当基坑开挖经过不同类别的土层或深度超过 10m 时,坑壁边坡可按各层土质采用不同坡度。基坑开挖因邻近建筑物限制,应采用边坡支护措施。

6. 下列关于说法中,表述正确的是 (　　)。

A. 挖土机沿挖方边缘移动时,机械距离边坡上缘的宽度不得小于沟槽或管沟的深度

B. 深度大于 1.5m 时,根据土质变化情况,应做好沟槽的支撑准备,以防塌陷

C. 在开挖槽边弃土时,应保证边坡和直立帮得稳定

D. 暴露的溶洞,应用浆砌片石或混凝土填满堵满

E. 淤泥、淤泥质土和垃圾土按要求进行挖除,清理干净,回填砂砾材料或碎石,分

层整平夯实到基底标高

【答案】BCDE

【解析】挖土机沿挖方边缘移动时，机械距离边坡上缘的宽度不得小于沟槽或管沟深度的1/2。深度大于1.5m时，根据土质变化情况，应做好沟槽的支撑准备，以防塌陷。在开挖槽边弃土时，应保证边坡和直立帮得稳定。溶洞：暴露的溶洞，应用浆砌片石或混凝土填满堵满。淤泥、淤泥质土和垃圾土：淤泥、淤泥质土一般位于河道、池塘，垃圾填土一般位于垃圾坑。对于此类土，一般按要求进行挖除，清理干净，回填砂砾材料或碎石，分层整平夯实到基底标高。

7. 下列关于土钉支护基坑施工的说法中，表述正确的是（　　）。

A. 一般采用施工机械，根据分层厚度和作业顺序开挖，一般每层开挖深度控制在100～150mm

B. 土钉全长设施金属或塑料定位支架，间距5m，保证钢筋处于钻孔的中心部位

C. 喷射混凝土粗骨料最大粒径不宜大于12mm，水胶比不宜大于0.45，并掺加速凝剂

D. 喷射混凝土终凝后2h，应根据当地条件采取连续喷水养护5～7d或喷涂养护剂

E. 冬期进行喷射混凝土，作业温度不得低于0℃，混合料进入喷射机的温度和水温不得低于0℃；在结冰的面层上不得喷射混凝土

【答案】ACD

【解析】一般采用施工机械，根据分层厚度和作业顺序开挖，一般每层开挖深度控制在100～150cm。土钉全长设施金属或塑料定位支架，间距2～3m，保证钢筋处于钻孔的中心部位。喷射混凝土粗骨料最大粒径不宜大于12mm，水胶比不宜大于0.45，并掺加速凝剂。喷射混凝土终凝后2h，应根据当地条件采取连续喷水养护5～7d或喷涂养护剂。冬期进行喷射混凝土，作业温度不得低于＋5℃，混合料进入喷射机的温度和水温不得低于＋5℃；在结冰的面层上不得喷射混凝土。

8. 下列关于人工挖孔灌注桩的说法中，表述正确的是（　　）。

A. 挖掘顺序应为相邻的孔同时开挖

B. 开挖时一般组织连续作业应采用电动链滑车或架设三脚架，用10～20kN慢速卷扬机提升

C. 桩孔挖掘、支撑护壁必须间隔作业，不得连续

D. 在季节融化层融化的夏季，一般不宜采用挖孔桩

E. 井口周围需用木料、型钢或混凝土制成框架或围圈予以保护，井口围护应高于地面20～30cm，以防止图、石、杂物滚入孔内伤人

【答案】BDE

【解析】挖掘顺序视土质基桩孔布置而定，一般不得在相邻两孔同时开挖，当同一承台有多根桩基，应对角、间隔开挖。开挖时一般组织连续作业应采用电动链滑车或架设三脚架，用10～20kN慢速卷扬机提升。桩孔挖掘、支撑护壁必须连续作业，不得中间停顿。在季节融化层融化的夏季，一般不宜采用挖孔桩。井口周围需用木料、型钢或混凝土制成框架或围圈予以保护，井口围护应高于地面20～30cm，以防止图、石、杂物滚入孔内伤人。

9. 下列关于砂石铺筑垫层施工说法错误的是（　　）。

A. 砂石铺筑分层、分段进行，每层厚度，一般为 15～20cm，最大不超过 50cm

B. 施工应按先深后浅的顺序进行

C. 砂石铺筑应均匀，发现砂窝或石子成堆现象，应将该处砂子或石子挖出，分别填入级配好的混凝土

D. 分段施工时，接搓处应做成斜坡，每层接搓处的水平距离应错开 0.5～1.0m

E. 石灰稳定粒料类垫层与水泥稳定粒料类垫层都适用于城市道路温度和湿度状况不良的环境下

【答案】AC

【解析】砂石铺筑分层、分段进行。每层厚度，一般为 15～20cm，最大不超过 30cm。施工应按先深后浅的顺序进行。砂石铺筑应均匀，发现砂窝或石子成堆现象，应将该处砂子或石子挖出，分别填入级配好的砂石。分段施工时，接搓处应做成斜坡，每层接搓处的水平距离应错开 0.5～1.0m，并应充分压（夯）实。石灰稳定粒料类垫层、水泥稳定粒料类垫层适用于城市道路温度和湿度状况不良的环境下，提高路面抗冻性能，以改善路面结构的使用性能。

10. 下列关于石灰土基层施工中错误的是（　　）。

A. 宜采用塑性指数 10～15 的粉质黏土、黏土，原材料应进行检验，符合要求方可使用

B. 石灰土基层分路拌法和厂拌法两种方法

C. 在城镇区域内，应尽量采用路拌法

D. 石灰土铺摊长度约 100m 时宜在最佳含水量时进行碾压，试碾压后及时进行高程复核

E. 碾压原则上以"先快后慢"、"先重后轻"、"先高后低"为宜

【答案】CDE

【解析】宜采用塑性指数 10～15 的粉质黏土、黏土，原材料应进行检验，符合要求方可使用。石灰土基层分路拌法和厂拌法两种方法。路拌法在城镇区域内，应尽量不要采用。石灰土铺摊长度约 50m 时宜在最佳含水量时进行碾压，试碾压后及时进行高程复核。碾压原则上以"先慢后快"、"先轻后重"、"先低后高"为宜。

11. 下列关于属于热拌沥青混合料面层施工前准备的是（　　）。

A. 施工前应对各种材料调查试验，经选择确定的材料在施工过程中应保持稳定，不得随意变更

B. 做好配合比设计报送有关方面审批，对各种原材料进行符合性检验

C. 施工前对各种施工机具应作全面检查，应经调试并使其处于良好的性能状态

D. 城市快速路、主干路宜采用两台以上摊铺机联合摊铺

E. 铺筑沥青层前，应检查基层或下卧沥青层的质量，不符要求的不得铺筑沥青混合料

【答案】ABCE

【解析】热拌沥青混合料面层施工前准备：1）施工前应对各种材料调查试验，经选择确定的材料在施工过程中应保持稳定，不得随意变更。2）做好配合比设计报送有关方面

审批，对各种原材料进行符合性检验。3）施工前对各种施工机具应作全面检查，应经调试并使其处于良好的性能状态。4）铺筑沥青层前，应检查基层或下卧沥青层的质量，不符要求的不得铺筑沥青混合料。5）在验收合格的基层上恢复中线（底面层施工时）在边线外侧 0.3～0.5m 处每隔 5～10m 钉边桩进行水平测量，拉好基准线，画好边线。6）对下承层进行清扫，地面层施工前两天在基层上洒透层油。7）正式铺筑沥青混凝土面层前宜进行试验段铺筑，以确定松铺系数、施工工艺、机械配备、人员组织、压实遍数，并检查压实度、沥青含量、矿料级配、沥青混合料马歇尔各项技术指标等。

12. 板式橡胶支座包括（   ）。

A. 滑板式支座
B. 螺旋锚固板式橡胶支座
C. 普通板式支座
D. 坡型板式橡胶支座
E. 球形板支座

【答案】ACD

【解析】板式橡胶支座包括：滑板式支座、普通板式支座、坡型板式橡胶支座。

13. 下列关于先张法和后张法预应力筋张拉的说法中正确的是（   ）。

A. 先张法预应力张拉时，应先调整到初应力，初应力宜为张拉控制应力（σ_{con}）的 10%～15%，伸长值应量测最终应力

B. 同时张拉多根预应力筋时，应预先调整其初应力，是相互之间的应力一致，在正式分级整体张拉到控制应力

C. 锚固完毕后并经检验合格后，即可切割端头多余的预应力筋。切割宜采用砂轮机，严禁使用电弧焊切割

D. 张拉过程中，应使活动横梁与固定横梁始终保持平行，并应抽查预应力值，其偏差的绝对值不得超过按一个构件全部力筋预应力总值的 5%

E. 后张法预应力筋锚固后的外露长度不宜小于 10cm，锚具应采用封端混凝土保护

【答案】BCD

【解析】先张法预应力张拉时，应先调整到初应力，初应力宜为张拉控制应力（σ_{con}）的 10%～15%，伸长值应从初应力开始量测。同时张拉多根预应力筋时，应预先调整其初应力，是相互之间的应力一致，在正式分级整体张拉到控制应力。张拉过程中，应使活动横梁与固定横梁始终保持平行，并应抽查预应力值，其偏差的绝对值不得超过按一个构件全部力筋预应力总值的 5%。后张法预应力筋锚固后的外露长度不宜小于 30cm，锚具应采用封端混凝土保护。锚固完毕后并经检验合格后，即可切割端头多余的预应力筋。切割宜采用砂轮机，严禁使用电弧焊切割。

14. 下列属于移动模架主要施工要点的是（   ）。

A. 支架长度必须满足施工要求
B. 支架应利用专用设备组装，在施工时能确保质量和安全
C. 浇筑分段工作缝，必须设在弯矩零点附近
D. 最后浇筑中跨合龙段形成连续梁体系
E. 混凝土内预应力筋管道、钢筋、预埋件设置应符合规范规定和设计要求

【答案】ABCE

【解析】移动模架主要施工要点：1）支架长度必须满足施工要求。2）支架应利用专

用设备组装，在施工时能确保质量和安全。3）浇筑分段工作缝，必须设在弯矩零点附近。

4）箱梁内、外模板滑动就位时，模板平面尺寸、高程、预拱度的误差必须在容许范围内。

5）混凝土内预应力筋管道、钢筋、预埋件设置应符合规范规定和设计要求。

15. 下列关于桥面系施工的说法中，表述正确的是（ ）。

A. 基面应坚实平整粗糙，不得有尖硬接茬、空鼓、开裂、起砂和脱皮等缺陷

B. 基层混凝土强度应达到设计强度并符合设计要求，含水率不得大于 15%

C. 桥面涂层防水施工采用涂刷法、刮涂法或喷涂法施工

D. 涂刷应先进行大面积涂刷，后做转角处、变形缝部位

E. 切缝过程中，要保护好切缝外侧沥青混凝土边角，防止污染破损

【答案】ACE

【解析】基面应坚实平整粗糙，不得有尖硬接茬、空鼓、开裂、起砂和脱皮等缺陷。基层混凝土强度应达到设计强度并符合设计要求，含水率不得大于 9%。桥面涂层防水施工采用涂刷法、刮涂法或喷涂法施工。涂刷应先做转角处、变形缝部位，后进行大面积涂刷。切缝过程中，要保护好切缝外侧沥青混凝土边角，防止污染破损。

16. 下列关于沟槽开挖施工要点的说法中，错误的是（ ）。

A. 当管径小、土方量少、施工现场狭窄、地下障碍物多或无法采用机械挖土时采用人工开挖

B. 相邻沟槽开挖时，应遵循先深后浅的施工顺序

C. 采用机械挖土时，应使槽底留 50cm 左右厚度土层，由人工清槽底

D. 已有地下管线与沟槽交叉或邻近建筑物、电杆、测量标志时，应采取避开措施

E. 穿越道路时，架设施工临时便桥，设置明显标志，做好交通导行措施

【答案】ABE

【解析】沟槽开挖：当管径小、土方量少、施工现场狭窄、地下障碍物多无法采用机械挖土时采用人工开挖。相邻沟槽开挖时，应遵循先深后浅的施工顺序。采用机械挖土时，应使槽底留 20cm 左右厚度土层，由人工清槽底。已有地下管线与沟槽交叉或邻近建筑物、电杆、测量标志时，应采取相应加固措施，应会同有关权属单位协调解决。穿越道路时，架设施工临时便桥，设置明显标志，做好交通导行措施。

17. 常用的管道基础有（ ）。

A. 水泥基础 B. 原状地基

C. 灰土基础 D. 砂石基础

E. 混凝土基础

【答案】BDE

【解析】常用的管道基础：原状地基、砂石基础、混凝土基础。

18. 下列关于球墨铸铁管道铺设施工的说法中，表述正确的是（ ）。

A. 接口工作坑每隔一个管口设一个，砂垫层检查合格后，机械开挖管道接口工作坑

B. 管道沿曲线安装时，先把槽开宽，适合转角和安装

C. 当采用截断的管节进行安装时，管端切口与管体纵向轴线平行

D. 将管节吊起稍许，使插口对正承口装入，调整好接口间隙后固定管身，卸去吊具

E. 螺栓上紧之后，用力矩扳手检验每个螺栓的扭矩

【答案】BDE

【解析】接口工作坑：接口工作坑每个管口设一个，砂垫层检查合格后，人工开挖管道接口工作坑。转角安装：管道沿曲线安装时，先把槽开宽，适合转角和安装。切管与切口修补：当采用截断的管节进行安装时，管端切口与管体纵向轴线垂直。对口：将管节吊起稍许，使插口对正承口装入，调整好接口间隙后固定管身，卸去吊具。检查：卸去螺栓后螺栓上紧之后，用力矩扳手检验每个螺栓的扭矩。

19. 沉管工程施工方案主要内容包括（　　）。

A. 施工平面布置图及剖面图

B. 施工总平面布置图

C. 沉管施工方法的选择及相应的技术要求

D. 沉管施工各阶段的管道浮力计算，并根据施工方法进行施工各阶段的管道强度、刚度、稳定性验算

E. 水上运输航线的确定，通航管理措施

【答案】ACDE

【解析】沉管工程施工方案主要内容包括：施工平面布置图及剖面图；沉管施工方法的选择及相应的技术要求；沉管施工各阶段的管道浮力计算，并根据施工方法进行施工各阶段的管道强度、刚度、稳定性验算；管道（段）下沉测量控制方法；水上运输航线的确定，通航管理措施；水上、水下等安全作业和航运安全的保证措施；对于预制钢筋混凝土管沉管工程，还应包括：临时干坞施工、钢筋混凝土管节制作、管道基础处理、接口连接、最终接口处理等施工技术方案。

20. 下列属于钢板桩围护结构特点的是（　　）。

A. 成品制作，可反复使用

B. H 钢的间距在 1.2～1.5m

C. 施工简便，但施工有噪声

D. 刚度小，变形大，与多道支撑结合，在软弱土层中也可采用

E. 新的时候止水性尚好，如有漏水现象，需增加防水措施

【答案】ACDE

【解析】钢板桩围护结构特点包括：成品制作，可反复使用；施工简便，但施工有噪声；刚度小，变形大，与多道支撑结合，在软弱土层中也可采用；新的时候止水性尚好，如有漏水现象，需增加防水措施。

第五章　工程项目管理

一、判断题

1. 施工项目管理是指建筑企业运用系统的观点、理论和方法对施工项目进行的决策、计划、组织、控制、协调等全过程的全面管理。

【答案】正确

【解析】施工项目管理是指建筑企业运用系统的观点、理论和方法对施工项目进行的决策、计划、组织、控制、协调等全过程的全面管理。

2. 施工项目管理的主体是建设单位。

【答案】错误

【解析】施工项目管理的主体是建筑企业，其他单位都不进行施工项目管理，例如建设单位对项目的管理称为建设项目管理。

3. 在工程开工前，由项目经理组织编制施工项目管理实施规划，对施工项目管理从开工到交工验收进行全面的指导性规划。

【答案】正确

【解析】在工程开工前，由项目经理组织编制施工项目管理实施规划，对施工项目管理从开工到交工验收进行全面的指导性规划。

4. 施工项目的生产要素主要包括劳动力、材料、技术和资金。

【答案】错误

【解析】施工项目的生产要素是施工项目目标得以实现的保证，主要包括：劳动力、材料、设备、技术和资金（即5M）。

5. 项目质量控制贯穿于项目施工的全过程。

【答案】错误

【解析】项目质量控制贯穿于项目实施的全过程。

6. 安全管理的对象是生产中一切人、物、环境、管理状态，安全管理是一种动态管理。

【答案】正确

【解析】安全管理的对象是生产中一切人、物、环境、管理状态，安全管理是一种动态管理。

7. 施工现场包括红线以内占用的建筑用地和施工用地以及临时施工用地。

【答案】错误

【解析】施工现场既包括红线以内占用的建筑用地和施工用地，又包括红线以外现场附近经批准占用的临时施工用地。

二、单选题

1. 下列选项中关于施工项目管理的特点说法有误的是（　　）。

A. 对象是施工项目　　　　　　　　　　B. 主体是建设单位

C. 内容是按阶段变化的　　　　　　D. 要求强化组织协调工作

【答案】B

【解析】施工项目管理的特点：施工项目管理的主体是建筑企业；施工项目管理的对象是施工项目；施工项目管理的内容是按阶段变化的；施工项目管理要求强化组织协调工作。

2. 以下不属于施工项目管理内容的是（　　　）。

A. 施工项目的生产要素管理　　　　B. 组织协调

C. 施工现场的管理　　　　　　　　D. 项目的规划设计

【答案】D

【解析】施工项目管理包括以下六方面内容：建立施工项目管理组织、制定施工项目管理规划、进行施工项目的目标控制、对施工项目的生产要素进行优化配置和动态管理、施工项目的合同管理、施工项目的信息管理等。

3. 下列选项中，不属于施工项目管理组织的内容的是（　　　）。

A. 组织系统的设计与建立　　　　　B. 组织沟通

C. 组织运行　　　　　　　　　　　D. 组织调整

【答案】B

【解析】施工项目管理组织，是指为进行施工项目管理、实现组织职能而进行组织系统的设计与建立、组织运行和组织调整三个方面。

4. 下列关于施工项目管理组织的形式的说法中，错误的是（　　　）。

A. 工作队式项目组织适用于大型项目，工期要求紧，要求多工种、多部门配合的项目

B. 事业部式项目组织适用于大型经营型企业的工程承包

C. 部门控制式项目组织一般适用于专业性强的大中型项目

D. 矩阵制项目组织适用于同时承担多个需要进行项目管理工程的企业

【答案】C

【解析】工作队式项目组织适用于大型项目，工期要求紧，要求多工种、多部门配合的项目。部门控制式项目组织一般适用于小型的、专业性强、不需涉及众多部门的施工项目。矩阵式项目组织适用于同时承担多个需要进行项目管理工程的企业。事业部式项目组织适用于大型经营型企业的工程承包，特别是适用于远离公司本部的工程承包。

5. 下列性质中，不属于项目经理部的性质的是（　　　）。

A. 法律强制性　　　　　　　　　　B. 相对独立性

C. 综合性　　　　　　　　　　　　D. 临时性

【答案】A

【解析】项目经理部的性质可以归纳为相对独立性、综合性、临时性三个方面。

6. 下列选项中，不属于建立施工项目经理部的基本原则的是（　　　）。

A. 根据所设计的项目组织形式设置

B. 适应现场施工的需要

C. 满足建设单位关于施工项目目标控制的要求

D. 根据施工工程任务需要调整

【答案】C

【解析】建立施工项目经理部的基本原则：根据所设计的项目组织形式设置；根据施工项目的规模、复杂程度和专业特点设置；根据施工工程任务需要调整；适应现场施工的需要。

7. 施工项目的劳动组织不包括下列的（　　）。

A. 劳务输入　　　　　　　　　　B. 劳动力组织

C. 项目经理部对劳务队伍的管理　　D. 劳务输出

【答案】D

【解析】施工项目的劳动组织应从劳务输入、劳动力组织、项目经理部对劳务队伍的管理三方面进行。

8. 施工项目目标控制包括：施工项目进度控制、施工项目质量控制、（　　）、施工项目安全控制四个方面。

A. 施工项目管理控制　　　　　　B. 施工项目成本控制

C. 施工项目人力控制　　　　　　D. 施工项目物资控制

【答案】B

【解析】施工项目目标控制包括：施工项目进度控制、施工项目质量控制、施工项目成本控制、施工项目安全控制四个方面。

9. 为了取得施工成本管理的理想效果，必须从多方面采取有效措施实施管理，这些措施不包括（　　）。

A. 组织措施　　　　B. 技术措施　　　　C. 经济措施　　　　D. 管理措施

【答案】D

【解析】施工项目成本控制的措施包括组织措施、技术措施、经济措施和合同措施。

10. 以下不属于施工资源管理任务的是（　　）。

A. 确定资源类型及数量

B. 设计施工现场平面图

C. 编制资源进度计划

D. 施工资源进度计划的执行和动态调整

【答案】B

【解析】施工资源管理的任务：确定资源类型及数量；确定资源的分配计划；编制资源进度计划；施工资源进度计划的执行和动态调整。

11. 以下不属于施工项目现场管理内容的是（　　）。

A. 规划及报批施工用地　　　　　B. 设计施工现场平面图

C. 建立施工现场管理组织　　　　D. 为项目经理决策提供信息依据

【答案】D

【解析】施工项目现场管理的内容：1）规划及报批施工用地；2）设计施工现场平面图；3）建立施工现场管理组织；4）建立文明施工现场；5）及时清场转移。

三、多选题

1. 下列各项中，不属于施工项目管理的内容的是（　　）。

A. 建立施工项目管理组织　　　　B. 编制《施工项目管理目标责任书》

C. 施工项目的生产要素管理　　　D. 施工项目的施工情况的评估

E. 施工项目的信息管理

【答案】BD

【解析】施工项目管理包括以下六方面内容：建立施工项目管理组织、制定施工项目管理规划、进行施工项目的目标控制、对施工项目的生产要素进行优化配置和动态管理、施工项目的合同管理、施工项目的信息管理等。

2. 施工项目管理周期包括（　　）竣工验收、保修等。

A. 建设设想　　　　　　　　　　B. 工程投标

C. 签订施工合同　　　　　　　　D. 施工准备

E. 施工

【答案】BCDE

【解析】施工项目管理周期包括工程投标、签订施工合同、施工准备、施工竣工验收、保修等。

3. 下列各项中，属于项目管理组织职能的是（　　）。

A. 组织设计　　　　　　　　　　B. 组织联系

C. 组织运行　　　　　　　　　　D. 组织行为

E. 组织调整

【答案】ABCDE

【解析】施工项目管理组织职能包括五个方面内容：1）组织设计；2）组织联系；3）组织运行；4）组织行为；5）组织调整。

4. 施工项目的劳动组织应从以下方面进行组织和管理（　　）。

A. 劳动力组织　　　　　　　　　B. 劳务班组组织

C. 劳务输入　　　　　　　　　　D. 劳务输出

E. 项目经理部对劳务队伍的管理

【答案】ACE

【解析】施工项目的劳动力来源于社会劳务市场，应从以下三个方面进行组织和管理：劳务输入；劳动力组织；项目经理部对劳务队伍的管理。

5. 下列关于施工项目目标控制的措施说法错误的是（　　）。

A. 施工项目进度控制的措施主要有组织措施、技术措施、合同措施、经济措施

B. 经济措施主要是建立健全目标控制组织，完善组织内各部门及人员的职责分工

C. 技术措施主要是项目目标控制中所用的技术措施是硬技术，即工艺技术

D. 合同措施是指严格执行和完成合同规定的一切内容，阶段性检查合同履行情况，对偏离合同的行为应及时采取纠正措施

E. 组织措施是目标控制的基础，制定有关规章制度，保证制度的贯彻与执行，建立健全控制信息流通的渠道

【答案】ACD

【解析】施工项目进度控制的措施主要有组织措施、技术措施、合同措施、经济措施。组织措施主要是建立健全目标控制组织，完善组织内各部门及人员的职责分工；落实控制

责任；制定有关规章制度；保证制度的贯彻与执行；建立健全控制信息流通的渠道。技术措施主要是项目目标控制中所用的技术措施有两大类：一类是硬技术，即工艺技术；一类是软技术，即管理技术。合同措施是指严格执行和完成合同规定的一切内容，阶段性检查合同履行情况，对偏离合同的行为应及时采取纠正措施。经济措施是指经济是项目管理的保证，是目标控制的基础。建立健全经济责任制，根据不同的控制目标，制定完成目标值和未完成目标值的奖惩制度，制定一系列保证目标实现的奖励措施。

6. 以下属于施工项目资源管理的内容的是（　　）。

A. 劳动力　　　　　　　　　　　　B. 材料

C. 技术　　　　　　　　　　　　　D. 机械设备

E. 施工现场

【答案】ABCD

【解析】资源管理是对施工项目所需人力、材料、机械设备、技术、资金和基础设施所进行的计划、组织、指挥、协调和控制等活动。

7. 以下各项中属于施工现场管理的内容的是（　　）。

A. 落实资源进度计划　　　　　　　B. 施工平面布置

C. 施工现场封闭管理　　　　　　　D. 施工资源进度计划的动态调整

E. 警示标牌

【答案】BCE

【解析】施工项目现场管理的内容：1）施工平面布置；2）施工现场封闭管理；3）警示标牌。

8. 以下各项中属于环境保护和文明施工管理的措施有（　　）。

A. 防治大气污染措施　　　　　　　B. 防治水污染措施

C. 防治扬尘污染措施　　　　　　　D. 防治施工噪声污染措施

E. 防治固体废弃物污染措施

【答案】ABDE

【解析】环境保护和文明施工管理：1）防治大气污染措施；2）防治水污染措施；3）防治施工噪声污染措施；4）防治固体废弃物污染措施。

第六章　力学基础知识

一、判断题

1. 改变力的方向，力的作用效果不会改变。

【答案】错误

【解析】力对物体作用效果取决于力的三要素：力的大小、方向、作用点。改变力的方向，当然会改变力的作用效果。

2. 两个共点力可以合成一个合力，一个力也可以分解为两个分力，结果都是唯一的。

【答案】错误

【解析】由力的平行四边形法则可知：两个共点力可以合成一个合力，结果是唯一的；一个力也可以分解为两个分力，却有无数的答案。因为以一个力的线段为对角线，可以做出无数个平行四边形。

3. 各杆在铰结点处互不分离，不能相对移动，也不能相对转动。

【答案】错误

【解析】杆件间的连接区简化为杆轴线的汇交点，各杆在铰结点处互不分离，但可以相互转动。

4. 当力与坐标轴平行时，力在该轴的投影的大小等于该力的大小。

【答案】错误

【解析】利用解析法时，当力与坐标轴平行时，力在该轴的投影的绝对值等于该力的大小，力的投影只有大小和正负是标量。

5. 力偶是由大小相等方向相反作用线平行且不共线的两个力组成的力系。

【答案】正确

【解析】力偶是由大小相等方向相反作用线平行且不共线的两个力组成的力系。

6. 矩心到力的作用点的距离称为力臂。

【答案】错误

【解析】矩心到力的作用线的垂直距离称为力臂。

7. 静定结构只在荷载作用下才会产生反力、内力。

【答案】正确

【解析】静定结构只在荷载作用下才会产生反力、内力。

8. 静定结构的反力和内力与结构的尺寸、几何形状、构件截面尺寸、材料有关。

【答案】错误

【解析】静定结构的反力和内力与结构的尺寸、几何形状有关，而与构件截面尺寸、形状和材料无关。

9. 弯矩是截面上应力对截面形心的力矩之和，有正负之分。

【答案】错误

【解析】弯矩是截面上应力对截面形心的力矩之和，不规定正负号。

10. 多跨静定梁的受力分析遵循先基本部分后附属部分的计算顺序。

【答案】错误

【解析】多跨静定梁的受力分析遵循先附属部分后基本部分的计算顺序。

11. 桁架体系中，杆件只承受轴向力。

【答案】错误

【解析】桁架是由链杆组成的格构体系，当荷载仅作用在结点上时，杆件仅承受轴向力。

12. 刚度是指结构或构件抵抗破坏的能力。

【答案】错误

【解析】刚度是指结构或构件抵抗变形的能力，强度是指结构或构件抵抗破坏的能力。

13. 杆件的纵向变形是一绝对量，不能反映杆件的变形程度。

【答案】正确

【解析】杆件的纵向变形是一绝对量，不能反映杆件的变形程度。

14. 胡克定律表明，杆件的纵向变形与轴力及杆长成正比，与横截面面积成反比。

【答案】错误

【解析】胡克定律表明当杆件应力不超过某一限度时，杆件的纵向变形与轴力及杆长成正比，与横截面面积成反比。

二、单选题

1. 下列说法错误的是（　　）。

A. 沿同一直线，以同样大小的力拉车，对车产生的运动效果一样

B. 在刚体的原力系上加上或去掉一个平衡力系，不会改变刚体的运动状态

C. 力的可传性原理只适合研究物体的外效应

D. 对于所有物体，力的三要素可改为：力的大小、方向和作用线

【答案】D

【解析】力是物体间相互的机械作用，力对物体的作用效果取决于力的三要素，即力的大小、力的方向和力的作用点。

2. 合力的大小和方向与分力绘制的顺序的关系是（　　）。

A. 大小与顺序有关，方向与顺序无关　　B. 大小与顺序无关，方向与顺序有关

C. 大小和方向都与顺序有关　　　　　　D. 大小和方向都与顺序无关

【答案】D

【解析】用力的平行四边形法画图，合力的大小和方向与分力绘制的顺序无关。

3. 下列关于结构整体简化正确的是（　　）。

A. 把空间结构都要分解为平面结构

B. 若空间结构可以由几种不同类型平面结构组成，则要单独分解

C. 对于多跨多层的空间刚架，可以截取纵向或横向平面刚架来分析

D. 对延长方向结构的横截面保持不变的结构，可沿纵轴截取平面结构

【答案】C

【解析】除了具有明显空间特征的结构外，在多数情况下，把实际的空间结构（忽略

次要的空间约束）都要分解为平面结构。对于延长方向结构的横截面保持不变的结构，可做两相邻截面截取平面结构结算。对于多跨多层的空间刚架，可以截取纵向或横向平面刚架来分析。若空间结构可以由几种不同类型平面结构组成，在一定条件下，可以把各类平面结构合成一个总的平面结构，并计算出各类平面结构所分配的荷载，再分别计算。杆件间的连接区简化为杆轴线的汇交点，各杆在铰结点处互不分离，但可以相互转动。

4. 可以限制于销钉平面内任意方向的移动，而不能限制构件绕销钉的转动的支座是（　　）。

A. 可动铰支座　　　　　　　　　B. 固定铰支座
C. 固定端支座　　　　　　　　　D. 滑动铰支座

【答案】B

【解析】可以限制于销钉平面内任意方向的移动，而不能限制构件绕销钉的转动的支座是固定铰支座。

5. 既限制构件的移动，也限制构件的转动的支座是（　　）。

A. 可动铰支座　　　　　　　　　B. 固定铰支座
C. 固定端支座　　　　　　　　　D. 滑动铰支座

【答案】C

【解析】既限制构件的移动，也限制构件的转动的支座是固定端支座。

6. 光滑接触面约束对物体的约束反力的方向是（　　）。

A. 通过接触点，沿接触面的公法线方向
B. 通过接触点，沿接触面公法线且指向物体
C. 通过接触点，沿接触面且沿背离物体的方向
D. 通过接触点，且沿接触面公切线方向

【答案】B

【解析】光滑接触面约束只能阻碍物体沿接触表面公法线并指向物体的运动，不能限制沿接触面公切线方向的运动。

7. 下列说法正确的是（　　）。

A. 柔体约束的反力方向为通过接触点，沿柔体中心线且指向物体
B. 光滑接触面约束反力的方向通过接触点，沿接触面且沿背离物体的方向
C. 圆柱铰链的约束反力是垂直于轴线并通过销钉中心
D. 链杆约束的反力是沿链杆的中心线，垂直于接触面

【答案】C

【解析】柔体约束的反力方向为通过接触点，沿柔体中心线且背离物体。光滑接触面约束只能阻碍物体沿接触表面公法线并指向物体的运动。圆柱铰链的约束反力是垂直于轴线并通过销钉中心，方向未定。链杆约束的反力是沿链杆的中心线，而指向未定。

8. 下列哪一项是正确的（　　）。

A. 当力与坐标轴垂直时，力在该轴上的投影等于力的大小
B. 当力与坐标轴垂直时，力在该轴上的投影为零
C. 当力与坐标轴平行时，力在该轴上的投影为零
D. 当力与坐标轴平行时，力在该轴的投影的大小等于该力的大小

【解析】 利用解析法时，当力与坐标轴垂直时，力在该轴上的投影为零，当力与坐标轴平行时，力在该轴的投影的绝对值等于该力的大小。

9. 力系合力等于零是平面汇交力系平衡的（　　）。

A. 充分条件　　　　　　　　　　　B. 必要条件

C. 充分必要条件　　　　　　　　　D. 既不充分也不必要条件

【答案】 C

【解析】 平面汇交力系平衡的充分必要条件是力系合力等于零。

10. 下列关于力偶的说法正确的是（　　）。

A. 力偶在任一轴上的投影恒为零，可以用一个合力来代替

B. 力偶可以和一个力平衡

C. 力偶不会使物体移动，只能转动

D. 力偶矩与矩心位置有关。

【答案】 C

【解析】 力偶中的两个力大小相等、方向相反、作用线平行且不共线，不能合成为一个力，也不能用一个力来代替，也不能和一个力平衡，力偶只能和力偶平衡。力偶和力对物体作用效果不同，力偶不会使物体移动，只能转动，力偶对其作用平面内任一点之矩恒等于力偶矩，而与矩心位置无关。

11. 平面汇交力系中的力对平面任一点的力矩，等于（　　）。

A. 力与力到矩心的距离的乘积

B. 力与矩心到力作用线的垂直距离的乘积

C. 该力与其他力的合力对此点产生的力矩

D. 该力的各个分力对此点的力矩大小之和

【答案】 B

【解析】 力矩是力与矩心到该力作用线的垂直距离的乘积，是代数量。合力矩定理规定合力对平面内任一点的力矩，等于力系中各分力对同一点的力矩的代数和。

12. 下列关于多跨静定梁的说法错误的是（　　）。

A. 基本部分上的荷载向它支持的附属部分传递力

B. 基本部分上的荷载仅能在其自身上产生内力

C. 附属部分上的荷载会传给支持它的基础部分

D. 基本部分上的荷载会使其自身和基础部分均产生内力和弹性变形

【答案】 A

【解析】 从受力和变形方面看，基本部分上的荷载通过支座直接传与地基，不向它支持的附属部分传递力，因此基本部分上的荷载仅能在其自身上产生内力和弹性变形；而附属部分上的荷载会传给支持它的基础部分，通过基本部分的支座传给地基，因此使其自身和基础部分均产生内力和弹性变形。

13. 结构或构件抵抗破坏的能力是（　　）。

A. 强度　　　　　　　　　　　　　B. 刚度

C. 稳定性　　　　　　　　　　　　D. 挠度

【答案】A

【解析】强度是指结构或构件抵抗破坏的能力，刚度是指结构或构件抵抗变形的能力，稳定性是指构件保持平衡状态稳定性的能力。

14. 下列关于应力与应变的关系，哪一项是正确的（　　　）。

A. 杆件的纵向变形总是与轴力及杆长成正比，与横截面面积成反比

B. 由胡克定律可知，在弹性范围内，应力与应变成反比

C. 实际剪切变形中，假设剪切面上的切应力是均匀分布的

D. I_P 指抗扭截面系数，W_P 称为截面对圆心的极惯性矩

【答案】D

【解析】在弹性范围内杆件的纵向变形总是与轴力及杆长成正比，与横截面面积成反比。由胡克定律可知，在弹性范围内，应力与应变成正比。I_P 指极惯性矩，W_P 称为截面对圆心的抗扭截面系数。

15. 纵向线应变的表达式为 $\varepsilon = \Delta l/l = (l_1 - l)/l$，在这个公式中表述正确的是（　　　）。

A. Δl 表示杆件变形前长度　　　　B. Δl 表示杆件变形后长度

C. l 的单位和应力的单位一致　　　　D. l 的单位是米或毫米

【答案】D

【解析】纵向线应变的表达式为 $\varepsilon = \Delta l/l = (l_1 - l)/l$，$l_1$ 表示杆件变形后长度，Δl 表示单位长度的纵向变形，是一个无量纲的量。

16. 下列哪一项反映材料抵抗弹性变形的能力（　　　）。

A. 强度　　　　　　　　　　　　　　B. 刚度

C. 弹性模量　　　　　　　　　　　　D. 剪切模量

【答案】C

【解析】材料的弹性模量反映了材料抵抗弹性变形的能力，其单位与应力相同。

三、多选题

1. 力对物体的作用效果取决于力的三要素，即（　　　）。

A. 力的大小　　　　　　　　　　　　B. 力的方向

C. 力的单位　　　　　　　　　　　　D. 力的作用点

E. 力的相互作用

【答案】ABD

【解析】力是物体间相互的机械作用，力对物体的作用效果取决于力的三要素，即力的大小、力的方向和力的作用点。

2. 物体间相互作用的关系是（　　　）。

A. 大小相等　　　　　　　　　　　　B. 方向相反

C. 沿同一条直线　　　　　　　　　　D. 作用于同一物体

E. 作用于两个物体

【答案】ABCE

【解析】作用与反作用公理的内容：两物体间的作用力与反作用力，总是大小相等、方向相反，沿同一直线，并分别作用在这两个物体上。

3. 物体平衡的充分与必要条件是：（　　）。

A. 大小相等　　　　　　　　　　B. 方向相同

C. 方向相反　　　　　　　　　　D. 作用在同一直线

E. 互相垂直

【答案】ACD

【解析】物体平衡的充分与必要条件是大小相等、方向相反、作用在同一直线。

4. 一个力 F 沿直角坐标轴方向分解，得出分力 F_X，F_Y，假设 F 与 X 轴之间的夹角为 α，则下列公式正确的是：（　　）。

A. $F_X = F\sin\alpha$　　　　　　　B. $F_X = F\cos\alpha$

C. $F_Y = F\sin\alpha$　　　　　　　D. $F_Y = F\cos\alpha$

E. 以上都不对

【答案】BC

【解析】一个力 F 沿直角坐标轴方向分解，得出分力 F_X，F_Y，假设 F 与 X 轴之间的夹角为 α，则 $F_X = F\cos\alpha$、$F_Y = F\sin\alpha$。

5. 刚体受到三个力的作用，这三个力作用线汇交于一点的条件有（　　）。

A. 三个力在一个平面　　　　　　B. 三个力平行

C. 刚体在三个力作用下平衡　　　D. 三个力不平行

E. 三个力可以不共面，只要平衡即可

【答案】ACD

【解析】三力平衡汇交定理：一刚体受共面且不平行的三个力作用而平衡时，这三个力的作用线必汇交于一点。

6. 下列有关结构的简化，说法正确的是（　　）。

A. 对实际结构进行力学分析和计算之前必须加以简化

B. 对延长方向结构的横截面保持不变的结构，可沿纵轴截取平面结构

C. 各杆在铰结点处互不分离，但可以相互转动

D. 对于延长方向结构的横截面保持不变的结构，可做两相邻截面截取平面结构结算

E. 各杆在刚结点处既不能移动也不能转动，只有力的存在

【答案】ACD

【解析】对实际结构进行力学分析和计算之前必须加以简化。对于延长方向结构的横截面保持不变的结构，可做两相邻截面截取平面结构结算。对于多跨多层的空间刚架，可以截取纵向或横向平面刚架来分析。若空间结构可以由几种不同类型平面结构组成，在一定条件下，可以把各类平面结构合成一个总的平面结构，并计算出各类平面结构所分配的荷载，再分别计算。杆件间的连接区简化为杆轴线的汇交点，各杆在铰结点处互不分离，但可以相互转动，各杆在刚结点处既不能移动也不能转动，相互间的作用除了力还有力偶。

7. 约束反力的确定与约束类型及主动力有关，常见的约束有：（　　）。

A. 柔体约束　　　　　　　　　　B. 光滑接触面约束

C. 圆柱铰链约束　　　　　　　　D. 链杆约束

E. 固定端约束

【答案】ABCD

【解析】约束反力的确定与约束类型及主动力有关，常见约束有柔体约束、光滑接触面约束、圆柱铰链约束、链杆约束。

8. 研究平面汇交力系的方法有：（   ）。

A. 平行四边形法则　　　　　　　　B. 三角形法

C. 几何法　　　　　　　　　　　　D. 解析法

E. 二力平衡法

【答案】ABCD

【解析】平面汇交力系的方法有几何法和解析法，其中几何法包括平行四边形法则和三角形法。

9. 下列各项表述错误的是（   ）。

A. 力偶在任一轴上的投影恒为零

B. 力偶的合力可以用一个力来代替

C. 力偶可在其作用面内任意移动，但不能转动

D. 只要力偶的大小、转向和作用平面相同，它们就是等效的

E. 力偶系中所有各力偶矩的代数和等于零

【答案】BC

【解析】力偶的合力可以用一个力偶来代替，力偶可在其作用面内既可以任意移动，也可以转动，即力偶对物体的转动效应与它在平面内的位置无关。

10. 当力偶的两个力大小和作用线不变，而只是同时改变指向，则下列正确的是（   ）。

A. 力偶的转向不变　　　　　　　　B. 力偶的转向相反

C. 力偶矩不变　　　　　　　　　　D. 力偶矩变号

E. 不一定

【答案】BD

【解析】当力偶的两个力大小和作用线不变，而只是同时改变指向，力偶的转向相反，由于力偶是力与力偶臂的乘积，力的方向改变，力偶矩变号。

11. 下列各项表述正确的是（   ）。

A. 在平面问题中，力矩为代数量

B. 只有当力和力臂都为零时，力矩等于零

C. 当力沿其作用线移动时，不会改变力对某点的矩

D. 力矩就是力偶，两者是一个意思

E. 力偶可以是一个力

【答案】AC

【解析】在平面问题中，力矩为代数量。当力沿其作用线移动时，不会改变力对某点的矩。当力或力臂为零时，力矩等于零。力矩和力偶不是一个意思。

12. 单跨静定梁常见的形式有（   ）。

A. 简支梁　　　　　　　　　　　　B. 伸臂梁

C. 悬臂梁　　　　　　　　　　　　D. 组合梁

E. 钢梁

【答案】 ABC

【解析】 单跨静定梁常见的形式有三种：简支、伸臂、悬臂。

13. 用截面法计算单跨静定梁内力时，需要计算（　　　）。

A. 所有外力在杆轴平行方向上投影的代数和

B. 所有外力在杆轴垂直方向上投影的代数和

C. 所有外力在水平方向上投影的代数和

D. 所有外力在垂直方向上投影的代数和

E. 所有外力对截面形心力矩代数和

【答案】 ABE

【解析】 计算单跨静定梁常用截面法，即截取隔离体，建立平衡方程求内力。包括：截面一侧所有外力在杆轴平行方向上投影的代数和；所有外力在杆轴垂直方向上投影的代数和；所有外力对截面形心力矩代数和。

14. 对变形固体的基本假设主要有（　　　）。

A. 均匀性　　　　　　　　　　　B. 连续性

C. 各向同性　　　　　　　　　　D. 各向异性

E. 小变形

【答案】 ABCE

【解析】 对变形固体的基本假设有均匀性假设、连续性假设、各向同性假设、小变形假设。

15. 下列属于各向同性的材料是（　　　）。

A. 木材　　　　　　　　　　　　B. 铸铁

C. 玻璃　　　　　　　　　　　　D. 混凝土

E. 钢材

【答案】 BCDE

【解析】 假设变形固体在各个方向上的力学性质完全相同，具有这种属性的材料称为各向同性材料，铸铁、玻璃、混凝土、钢材等都可认为是各向同性材料。

16. 杆件变形的基本形式有（　　　）。

A. 轴向拉伸　　　　　　　　　　B. 剪切

C. 扭转　　　　　　　　　　　　D. 弯扭

E. 平面弯曲

【答案】 ABCE

【解析】 杆件在不同形式的外力作用下，将产生不同形式的变形，基本形式有：轴向拉伸与轴向压缩、剪切、扭转、平面弯曲。

17. 结构的承载能力包括（　　　）。

A. 强度　　　　　　　　　　　　B. 刚度

C. 挠度　　　　　　　　　　　　D. 稳定

E. 屈曲

【答案】 ABD

【解析】 结构和构件的承载能力包括强度、刚度和稳定性。

第七章 市政工程基本知识

一、判断题

1. 人行道指人群步行的道路，但不包括地下人行通道。

【答案】错误

【解析】城镇道路由机动车道、人行道、分隔带、排水设施等组成，人行道：人群步行的道路，包括地下人行通道。

2. 三幅路适用于机动车交通量较大，非机动车交通量较少的主干路、次干路。

【答案】错误

【解析】城镇道路按道路的断面形式可分为四类和特殊形式，这四类为：单幅路、双幅路、三幅路、四幅路。三幅路适用于机动车与非机动车交通量均较大的主干路和次干路。

3. 沥青贯入式面层可以用于快速路、主干路、支路。

【答案】错误

【解析】沥青贯入式、沥青表面处治路面适用于支路、停车场、公共广场。

4. 平面交叉是两条道路在不同高程上交叉，两条道路上的车流互不干涉，各自保持原有车速通行。

【答案】错误

【解析】立体交叉是两条道路在不同高程上交叉，两条道路上的车流互不干涉，各自保持原有车速通行。

5. 路基边坡坡度对路基稳定起着重要的作用，m 值越大，边坡越缓，稳定性越好。

【答案】正确

【解析】路基边坡坡度对路基稳定起着重要的作用，m 值越大，边坡越缓，稳定性越好，但边坡过缓而暴露面积过大，易受雨雪侵蚀。

6. 当旧沥青混凝土路面的断板率较低、接缝传荷能力良好，且路面纵、横坡基本符合要求等时，可选用分离式水泥混凝土加铺层。

【答案】错误

【解析】当旧沥青混凝土路面的断板率较低、接缝传荷能力良好，且路面纵、横坡基本符合要求、板的平面尺寸和接缝布置合理时，可选用直接式水泥混凝土加铺层；否则，可选用分离式水泥混凝土加铺层。

7. 缘石平算式雨水口适用于有缘石的道路。

【答案】正确

【解析】缘石平算式雨水口适用于有缘石的道路。

8. 立缘石是顶面与路面平齐的缘石，有标定路面范围、整齐路容、保护路面边缘的作用。

【答案】错误

【解析】平缘石是顶面与路面平齐的缘石，有标定路面范围、整齐路容、保护路面边缘的作用。

9. 立缘石起区分车行道、人行道、绿地、隔离带和道路其他路面水的作用。

【答案】正确

【解析】立缘石是设在道路边缘，起区分车行道、人行道、绿地、隔离带和道路其他路面水的作用。

10. 支座既要传递很大的荷载，还要保证桥跨结构不能产生变位。

【答案】错误

【解析】支座既要传递很大的荷载，并且还要保证桥跨结构能产生一定的变位。

11. 桥面在主要承重结构之上的为上承式。

【答案】正确

【解析】桥面在主要承重结构之上的为上承式，在主要承重结构之下的为下承式，在主要承重结构中部的为中承式。

12. 在悬索桥中，主要承重构件是吊杆，以受拉为主。

【答案】错误

【解析】悬索桥在竖向荷载作用下，通过吊杆使缆索承受拉力，而塔架除承受竖向力作用外，还要承受很大的水平拉力和弯矩，它的主要承重构件是主缆，以受拉为主。

13. 梁桥桥面铺装混凝土强度等级不应低于 C40。

【答案】正确

【解析】梁桥桥面铺装混凝土强度等级不应低于 C40。

14. 整体式板桥按计算一般需要计算纵向受力钢筋、分布钢筋、箍筋和斜筋。

【答案】错误

【解析】整体石板桥配置纵向受力钢筋和与之垂直的分布钢筋，按计算一般不需设置箍筋和斜筋。

15. 钢筋混凝土空心板桥适用跨径为 8.0~16.0m。

【答案】错误

【解析】钢筋混凝土空心板桥适用跨径为 8.0~13.0m。

16. 横隔梁刚度越大，梁的整体性越好。

【答案】正确

【解析】横隔梁刚度越大，梁的整体性越好，在荷载作用下各主梁就越能更好的共同受力。

17. 活动支座用来保证桥跨结构在各种因素作用下可以转动，但不能移动。

【答案】错误

【解析】活动支座用来保证桥跨结构在各种因素作用下可以转动和移动。

18. 重力式桥墩由墩帽、墩身组成。

【答案】正确

【解析】重力式桥墩由墩帽、墩身组成。

19. 薄壁轻型桥台两侧的薄壁和前墙垂直的为八字形薄壁桥台。

【答案】错误

【解析】薄壁轻型桥台两侧的薄壁和前墙垂直的为 U 形薄壁桥台，与前墙斜交的为八字形薄壁桥台。

20. 扩大基础是直接在墩台位置开挖基坑，在天然地基上修建的实体基础，属于刚性浅基础。

【答案】正确

【解析】扩大基础是直接在墩台位置开挖基坑，在天然地基上修建的实体基础，属于刚性浅基础。

21. 当管底地基土层承载力较高，地下水位较高时，可采用天然地基作为管道基础。

【答案】错误

【解析】当管底地基土层承载力较高，地下水位较低时，可采用天然地基作为管道基础。

22. 生产废水是指在生产过程受到轻度污染的污水，或水温有所增高的水。

【答案】正确

【解析】生产废水是指在生产过程受到轻度污染的污水，或水温有所增高的水。

23. 检查井结构主要由基础、井身、井盖、盖座和爬梯组成。

【答案】正确

【解析】检查井结构主要由基础、井身、井盖、盖座和爬梯组成。

24. 高压和中压 A 燃气管道，应采用钢管或机械接口铸铁管。

【答案】错误

【解析】高压和中压 A 燃气管道，应采用钢管；中压 B 或低压燃气管道，宜采用钢管或机械接口铸铁管。

25. 市政供热管网系统包括输送热媒的管道、管道附件，大型供热管网。

【答案】错误

【解析】市政供热管网系统包括输送热媒的管道、管道附件和附属建筑物，大型供热管网，有时还包括中继泵站或控制分配站。

26. 直埋供热管道基础主要有天然基础、砂基础和混凝土砂基。

【答案】错误

【解析】直埋供热管道基础主要有天然基础、砂基础。

二、单选题

1. 下列各项不属于街面设施的是（　　）。
A. 照明灯柱　　　　　　　　　　B. 架空电线杆
C. 消火栓　　　　　　　　　　　D. 道口花坛

【答案】D

【解析】街面设施：为城市公共事业服务的照明灯柱、架空电线杆、消火栓、邮政信箱、清洁箱等。

2. 设置在特大或大城市外环，主要为城镇间提供大流量、长距离的快速公交服务的城镇道路是（　　）。
A. 快速路　　　　　　　　　　　B. 次干路

C. 支路

D. 主干路

【答案】 A

【解析】快速路设置在特大或大城市外环，主要为城镇间提供大流量、长距离的快速公交服务，为联系城镇各主要功能分区及为过境交通服务。

3. 以交通功能为主，连接城市各主要分区的干路的是（　　）。

A. 快速路

B. 次干路

C. 支路

D. 主干路

【答案】 D

【解析】主干路应连接城市各主要分区的干路，以交通功能为主，两侧不宜设置吸引大量车流、人流的公共建筑出入口。

4. 以集散交通的功能为主，兼有服务功能的是（　　）。

A. 快速路

B. 次干路

C. 支路

D. 主干路

【答案】 B

【解析】次干路与主干路结合组成城市干路网，是城市中数量较多的一般交通道路，以集散交通的功能为主，兼有服务功能。

5. 以下的功能以解决局部地区交通，以服务功能为主的是（　　）。

A. 快速路

B. 次干路

C. 支路

D. 主干路

【答案】 C

【解析】支路宜与次干路和居住区、工业区、交通设施等内部道路相连接，是城镇交通网中数量较多的道路，其功能以解决局部地区交通，以服务功能为主。

6. 属于城市干路网，是城市中数量较多的一般交通道路的是（　　）。

A. 快速路

B. 次干路

C. 支路

D. 主干路

【答案】 B

【解析】次干路与主干路结合组成城市干路网，是城市中数量较多的一般交通道路，以集散交通的功能为主，兼有服务功能。

7. 与居住区、工业区等内部道路相连接，是城镇交通网中数量较多的道路的是（　　）。

A. 快速路

B. 次干路

C. 支路

D. 主干路

【答案】 C

【解析】支路宜与次干路和居住区、工业区、交通设施等内部道路相连接，是城镇交通网中数量较多的道路，其功能以解决局部地区交通，以服务功能为主。

8. 适用于机动车交通量大，车速高，非机动车多的快速路、次干路的是（　　）。

A. 单幅路

B. 三幅路

C. 双幅路

D. 四幅路

【答案】 D

【解析】城镇道路按道路的断面形式可分为四类和特殊形式，这四类为：单幅路、双幅路、三幅路、四幅路。四幅路适用于机动车交通量大，车速高，非机动车多的快速路、次干路。

9. 单幅路适用于（   ）。

A. 交通量不大的次干路、支路

B. 机动车交通量大，车速高，非机动车多的快速路、次干路

C. 机动车与非机动车交通量均较大的主干路和次干路

D. 机动车交通量大，车速高，非机动车交通量较少的快速路、次干路

【答案】A

【解析】城镇道路按道路的断面形式可分为四类和特殊形式，这四类为：单幅路、双幅路、三幅路、四幅路。单幅路适用于交通量不大的次干路、支路。

10. 柔性路面在荷载作用下的力学特性是（   ）。

A. 弯沉变形较大，结构抗弯拉强度较低

B. 弯沉变形较大，结构抗弯拉强度较高

C. 弯沉变形较小，结构抗弯拉强度较低

D. 弯沉变形较小，结构抗弯拉强度较低

【答案】A

【解析】柔性路面在荷载作用下所产生的弯沉变形较大，路面结构本身抗弯拉强度较低。

11. 下列说法错误的是（   ）。

A. 要突出显示道路线形的路段，面层宜采用彩色

B. 考虑雨水收集利用的道路，路面结构设计应满足透水性要求

C. 道路经过噪声敏感区域时，宜采用降噪路面

D. 对环保要求较高的路面，不宜采用温拌沥青混凝土

【答案】D

【解析】道路经过景观要求较高的区域或突出显示道路线形的路段，面层宜采用彩色；综合考虑雨水收集利用的道路，路面结构设计应满足透水性要求；道路经过噪声敏感区域时，宜采用降噪路面；对环保要求较高的路段或隧道内的沥青混凝土路面，宜采用温拌沥青混凝土。

12. 由中心向外辐射路线，四周以环路沟通的路网方式是（   ）。

A. 方格网式   B. 环形放射式

C. 自由式   D. 混合式

【答案】B

【解析】环形放射式是由中心向外辐射路线，四周以环路沟通。环路可分为内环路和外环路，环路设计等级不宜低于主干道。

13. 山丘城市的道路选线通常采用哪种路网方式（   ）。

A. 方格网式   B. 环形放射式

C. 自由式   D. 混合式

【答案】C

【解析】自由式道路系统多以结合地形为主，路线布置依据城市地形起伏而无一定的几何图形。我国山丘城市的道路选线通常沿山或河岸布设。

14. 考虑到自行车和其他非机动车的爬坡能力，最大纵坡一般不大于（   ）。

A. 2.5%

B. 3%

C. 0.2%

D. 0.1%

【答案】A

【解析】一般来说，考虑到自行车和其他非机动车的爬坡能力，最大纵坡一般不大于2.5%，最小纵坡应满足纵向排水的要求，一般应不小于0.3%～0.5%。

15. 考虑到自行车和其他非机动车的爬坡能力，下列哪项纵坡坡度符合要求（   ）。

A. 3.5%

B. 0.2%

C. 2.5%

D. 3.0%

【答案】C

【解析】一般来说，考虑到自行车和其他非机动车的爬坡能力，最大纵坡一般不大于2.5%，最小纵坡应满足纵向排水的要求，一般应不小于0.3%～0.5%。

16. 常用来减少或消除交叉口冲突点的方法不包括（   ）。

A. 交通管制

B. 渠化交通

C. 立体交叉

D. 减少交叉口

【答案】D

【解析】为了减少交叉口上的冲突点，保证交叉口的交通安全，常用来减少或消除交叉口冲突点的方法有：交通管制，渠化交通和立体交叉。

17. 下列哪项属于车道宽度的范围：（   ）m。

A. 3.5

B. 3

C. 3.8

D. 4

【答案】A

【解析】行车道宽度主要取决于车道数和各车道的宽度。车道宽度一般为3.5～3.75m。

18. 路基的高度不同，会有不同的影响，下列错误的是（   ）。

A. 会影响路基稳定

B. 影响路面的强度和稳定性

C. 影响工程造价

D. 不会影响路面厚度

【答案】D

【解析】路基高度是指路基设计标高与路中线原地面标高之差，称为路基填挖高度或施工高度。路基高度影响路基稳定、路面的强度和稳定性、路面厚度和结构及工程造价。

19. 路基边坡的坡度 m 值对路基稳定其中重要的作用，下列说法正确的是（   ）。

A. m 值越大，边坡越陡，稳定性越差

B. m 值越大，边坡越缓，稳定性越好

C. m 值越小，边坡越缓，稳定性越差

D. 边坡坡度越缓越好

【答案】B

【解析】路基边坡坡度对路基稳定起着重要的作用，m 值越大，边坡越缓，稳定性越好，但边坡过缓而暴露面积过大，易受雨、雪侵蚀。

20. 路面通常由一层或几层组成，以下不属于路面组成的是（   ）。

A. 面层

B. 垫层

　C. 沥青层　　　　　　　　　　　D. 基层

【答案】C

【解析】路面是由各种材料铺筑而成的，通常由一层或几层组成，路面可分为面层、垫层和基层。

21. 行车荷载和自然因素对路面的作用会随着路面深度的增大而（　　），材料的强度、刚度和稳定性随着路面深度增大而（　　）。

　A. 减弱，减弱　　　　　　　　　B. 减弱，增强

　C. 增强，减弱　　　　　　　　　D. 增强，增强

【答案】A

【解析】路面结构层所选材料应该满足强度、稳定性和耐久性的要求，由于行车荷载和自然因素对路面的作用，随着路面深度的增大而逐渐减弱，因而对路面材料的强度、刚度和稳定性的要求随着路面深度增大而逐渐减弱。

22. 磨耗层又称（　　）。

　A. 路面结构层　　　　　　　　　B. 上面层

　C. 基层　　　　　　　　　　　　D. 垫层

【答案】B

【解析】磨耗层又称上面层。

23. 下列材料可作为柔性基层的是（　　）。

　A. 水泥稳定类　　　　　　　　　B. 石灰稳定类

　C. 二灰稳定类　　　　　　　　　D. 沥青稳定碎层

【答案】D

【解析】水泥稳定类、石灰稳定类、二灰稳定类基层为刚性，沥青稳定碎层、级配碎石为柔性基层。

24. 当路面结构破损较为严重或承载能力不能满足未来交通需求时，应采用（　　）。

　A. 稀浆封层　　　　　　　　　　B. 薄层加铺

　C. 加铺结构层　　　　　　　　　D. 新建路面

【答案】C

【解析】当路面结构破损较为严重或承载能力不能满足未来交通需求时，应采用加铺结构层补强。

25. 当路面结构破损严重，或纵、横坡需作较大调整时，宜采用（　　）。

　A. 稀浆封层　　　　　　　　　　B. 薄层加铺

　C. 加铺结构层　　　　　　　　　D. 新建路面

【答案】D

【解析】当路面结构破损严重，或纵、横坡需作较大调整时，宜采用新建路面，或将旧路面作为新路面结构层的基层或下基层。

26. 缘石平箅式雨水口适用于（　　）。

　A. 有缘石的道路　　　　　　　　B. 无缘石的路面

　C. 无缘石的广场　　　　　　　　D. 地面低洼聚水处

【答案】A

【解析】缘石平算式雨水口适用于有缘石的道路。

27. 下列雨水口的间距符合要求的是（　　）m。

A. 5

B. 15

C. 30

D. 60

【答案】C

【解析】雨水口的间距宜为 25～50m。

28. 起保障行人交通安全和保证人车分流的作用的是（　　）。

A. 立缘石

B. 平缘石

C. 人行道

D. 交通标志

【答案】C

【解析】人行道起保障行人交通安全和保证人车分流的作用。

29. 下列不属于桥面系的是（　　）。

A. 桥面铺装

B. 人行道

C. 栏杆

D. 系梁

【答案】D

【解析】桥面系包括桥面铺装、人行道、栏杆、排水和防水系统、伸缩缝等。

30. 下列说法正确的是（　　）。

A. 桥梁多孔路径总长大于 1000m

B. 单孔路径 140m 的桥称为特大桥

C. 多孔路径总长为 100m 的桥属于大桥

D. 多孔路径总长为 30m 的桥属于中桥

【答案】A

【解析】按桥梁全长和跨径的不同分为特大桥、大桥、中桥、小桥四类。如表 7-1 所示桥梁按总长或路径分类。

桥梁按总长或跨径分类　　　　表 7-1

桥梁分类	多孔跨径总长 L(m)	单孔跨径 L_k(m)
特大桥	$L>1000$	$L_k>150$
大桥	$1000 \geqslant L \geqslant 100$	$150 \geqslant L_k \geqslant 40$
中桥	$100>L>30$	$40>L_k \geqslant 20$
小桥	$30 \geqslant L \geqslant 8$	$20>L_k \geqslant 5$

注：1. 单孔跨径系指标准跨径。梁式桥、板式桥以两桥墩中线之间桥中心线长度或桥墩中线与桥台台背前缘线之间桥中心线长度为标准跨径；拱式桥以净跨径为标准跨径。

2. 梁式桥、板式桥的多孔跨径总长为多孔标准跨径的总长；拱式桥以两岸桥台起拱线间的距离；其他形式的桥梁为桥面系的行车道长度。

31. 按桥梁力学体系可分为五种基本体系，下列不符合此类的是（　　）。

A. 梁式桥

B. 拱式桥

C. 上承式桥

D. 悬索桥

【答案】C

【解析】按桥梁力学体系可分为梁式桥、拱式桥、刚架桥、悬索桥、斜拉桥五种基本体系。

32. 在竖向荷载作用下无水平反力的结构是（　　）。

A. 梁式桥 　　　　　　　　　　　B. 拱式桥

C. 刚架桥 　　　　　　　　　　　D. 悬索桥

【答案】A

【解析】按桥梁力学体系可分为梁式桥、拱式桥、刚架桥、悬索桥、斜拉桥五种基本体系，梁式桥在竖向荷载作用下无水平反力的结构。

33. 拱桥的支座可以产生（　　）。

A. 只产生竖向反力

B. 既产生竖向反力，也产生较大的水平推力

C. 只承受水平推力

D. 承受弯矩、轴力和水平推力

【答案】B

【解析】在竖直荷载作用下，拱桥的支座除产生竖向反力外力外，还产生较大的水平推力。

34. 下列属于偶然作用的是（　　）。

A. 预加应力 　　　　　　　　　　B. 汽车荷载

C. 地震作用 　　　　　　　　　　D. 风荷载

【答案】C

【解析】桥梁设计采用的作用可分为永久作用、偶然作用和可变作用三类，具体见表 7-2 所示。

作用分类表　　　　　　　　　　　　　　　　　　　　表 7-2

编号	分类	名称	编号	分类	名称
1		结构重力（包括结构附加重力）	10		汽车荷载
2		预加应力	11		汽车冲击力
3	永久作用	土的重力及土侧压力	12		汽车离心力
4		混凝土收缩及徐变影响力	13		汽车引起的土侧压力
5		基础变位作用	14	可变作用	人群荷载
6		水的浮力	15		风荷载
			16		汽车制动力
			17		流水压力
7	偶然作用	地震作用	18		冰压力
8		船只或漂流物的撞击作用	19		温度（均匀、梯度）作用
9		汽车撞击作用	20		支座摩擦力

35. 下列跨径适用于实心板桥的是（　　）m。

A. 4 　　　　　　　　　　　　　　B. 8

C. 12
D. 15

【答案】B

【解析】整体式简支板桥在5.0～10.0m跨径桥梁中得到广泛应用。

36. 装配式预应力混凝土简支T形梁桥的主梁间距一般采用（　　）。
    A. 1.5～3m
    B. 2.5～5m
    C. 1.8～2.5m
    D. 2～5m

【答案】C

【解析】装配式预应力混凝土简支T形梁桥的主梁间距一般采用1.8～2.5m。

37. 装配式预应力混凝土简支T形梁桥常用跨径为（　　）m。
    A. 20～30
    B. 25～50
    C. 15～50
    D. 20～50

【答案】B

【解析】装配式预应力混凝土简支T形梁桥的主梁间距一般采用25～50m。

38. 当比值小于（　　）时，连续梁可视为固端梁。
    A. 0.5
    B. 0.4
    C. 0.3
    D. 0.2

【答案】C

【解析】当比值小于0.3时，连续梁可视为固端梁，两边端支座上将产生负的反力。

39. 等截面连续梁构造简单，用于中小跨径时，梁高为（　　）。
    A. $(1/15～1/25)L$
    B. $(1/12～1/16)L$
    C. $(1/25～1/35)L$
    D. $(1/30～1/40)L$

【答案】A

【解析】等截面连续梁构造简单，用于中小跨径时，梁高$h=(1/15～1/25)L$。

40. 采用顶推法施工时，梁高为（　　）。
    A. $(1/15～1/25)L$
    B. $(1/12～1/16)L$
    C. $(1/25～1/35)L$
    D. $(1/30～1/40)L$

【答案】B

【解析】采用顶推法施工时，梁高宜较大些，$h=(1/12～1/16)L$。

41. 当跨径较大时，恒载在连续梁中占主导地位，宜采用变高度梁，跨中梁高为
（　　）。
    A. $(1/15～1/25)L$
    B. $(1/12～1/16)L$
    C. $(1/25～1/35)L$
    D. $(1/30～1/40)L$

【答案】C

【解析】当跨径较大时，恒载在连续梁中占主导地位，宜采用变高度梁，跨中梁高$h=(1/25～1/35)L$。

42. 在梁高受限制的场合，连续板梁高为（　　）。
    A. $(1/15～1/25)L$
    B. $(1/12～1/16)L$
    C. $(1/25～1/35)L$
    D. $(1/30～1/40)L$

【答案】D

【解析】连续板梁高 $h=(1/30\sim1/40)L$，宜用于梁高受限制场合。

43. 钢束布置时，下列说法正确的是（ ）。

A. 正弯矩钢筋置于梁体下部
B. 负弯矩钢筋则置于梁体下部
C. 正负弯矩区则上下部不需配置钢筋
D. 正负弯矩区只需要上部配置钢筋

【答案】A

【解析】钢束布置必须分别考虑结构在试用阶段正弯矩钢筋置于梁体下部。

44. 当墩身高度大于（ ）m时，可设横系梁加强柱身横向联系。

A. 5～6
B. 6～7
C. 7～8
D. 8～9

【答案】B

【解析】当墩身高度大于6～7m时，可设横系梁加强柱身横向联系。

45. 管线平面布置的次序一般是：从道路红线向中心线方向依次为（ ）。

A. 电气、电信、燃气、供热、中水、给水、雨水、污水
B. 电气、电信、中水、给水、燃气、供热、雨水、污水
C. 电气、电信、供热、中水、给水、燃气、雨水、污水
D. 电气、电信、燃气、中水、给水、供热、雨水、污水

【答案】A

【解析】管线平面布置的次序一般是从道路红线向中心线方向依次为：电气、电信、燃气、供热、中水、给水、雨水、污水。

46. 当市政管线交叉敷设时，自地面向地下竖向的排列顺序一般为（ ）。

A. 电气、电信、燃气、供热、中水、给水、雨水、污水
B. 电气、电信、中水、给水、燃气、供热、雨水、污水
C. 电气、电信、供热、燃气、中水、给水、雨水、污水
D. 电气、电信、燃气、中水、给水、供热、雨水、污水

【答案】C

【解析】当市政管线交叉敷设时，自地面向地下竖向的排列顺序一般为：电气、电信、供热、燃气、中水、给水、雨水、污水。

47. （ ）适用于混凝土管。

A. 橡胶圈接口
B. 焊接接口
C. 法兰接口
D. 化学黏合剂接口

【答案】A

【解析】橡胶圈接口：适用于混凝土管、球墨铸铁管和化学建材管。

48. 当管底地基土质松软、承载力低或铺设大管径的钢筋混凝土管道时，应采用（ ）。

A. 天然基础
B. 砂垫层基础
C. 混凝土基础
D. 沉井基础

【答案】C

【解析】当管底地基土质松软、承载力低或铺设大管径的钢筋混凝土管道时，应采用混凝土基础。

49. F 形管接口又称为（ ）。

A. 平口管

B. 企口管

C. 钢承口管

D. 金属管

【答案】C

【解析】钢承口管接口形式是把钢套环的前面一半埋入到混凝土管中去，又称为 F 形管接口。

50. 关于水插式柔性接口说法正确的是（ ）。

A. 多为水泥类材料密封或用法兰连接的管道接口

B. 不能承受一定量的轴向线变位

C. 能承受一定量的轴向线变位

D. 一般用在有条形基础的无压管道上

【答案】C

【解析】水插式柔性接口多为橡胶圈接口，能承受一定量的轴向线变位和相对角变位且不引起渗漏的管道接口，多用在地基较差，沉陷不均匀地区。

51. 关于柔性接口说法正确的是（ ）。

A. 多为水泥类材料密封或用法兰连接的管道接口

B. 不能承受一定量的轴向线变位

C. 能承受一定量的轴向线变位

D. 一般用在有条形基础的无压管道上

【答案】C

【解析】柔性接口多为橡胶圈接口，能承受一定量的轴向线变位和相对角变位且不引起渗漏的管道接口，一般用在抗地基变形的无压管道上。

52. 高压和中压 A 燃气管道，应采用（ ）。

A. 钢管

B. 钢管或机械接口铸铁管

C. 机械接口铸铁管

D. 聚乙烯管材

【答案】A

【解析】高压和中压 A 燃气管道，应采用钢管；中压 B 或低压燃气管道，宜采用钢管或机械接口铸铁管。

53. 市政供热管网一般有蒸汽管网和热水管网两种形式，需要用热水管网的是（ ）。

A. 工作压力不大于 1.6MPa，介质温度不大于 350℃

B. 工作压力不大于 2.5MPa，介质温度不大于 198℃

C. 工作压力不大于 1.6MPa，介质温度不大于 198℃

D. 工作压力不大于 2.5MPa，介质温度不大于 350℃

【答案】B

【解析】市政供热管网一般有蒸汽管网和热水管网两种形式，工作压力不大于 1.6MPa，介质温度不大于 350℃ 的蒸汽管网；工作压力不大于 2.5MPa，介质温度不大于 198℃ 的热水管网。

54. 供热管道上的阀门，起流量调节作用的阀门是（ ）。

A. 截止阀

B. 闸阀

C. 蝶阀   D. 单向阀

【答案】C

【解析】供热管道上的阀门通常有三种类型，一是起开启或关闭作用的阀门，如截止阀、闸阀；二是起流量调节作用的阀门，如蝶阀；三是起特殊作用的阀门，如单向阀、安全阀等。

三、多选题

1. 城镇道路工程由下列哪些构成（   ）。

A. 机动车道   B. 人行道   C. 分隔带   D. 伸缩缝

E. 排水设施

【答案】ABCE

【解析】城镇道路由机动车道、人行道、分隔带、排水设施、交通设施和街面设施等组成。

2. 下列属于交通辅助性设施的是（   ）。

A. 道口花坛   B. 人行横道线

C. 分车道线   D. 信号灯

E. 分隔带

【答案】ABCD

【解析】交通辅助性设施：为组织指挥交通和保障维护交通安全而设置的辅助性设施。如：信号灯、标志牌、安全岛、道口花坛、护栏、人行横道线、分车道线及临时停车场和公共交通车辆停靠站等。

3. 城镇道路与公路比较，（   ）。

A. 功能多样、组成复杂、艺术要求高

B. 车辆多、类型复杂、但车速差异小

C. 道路交叉口多，易发生交通事故

D. 公路比城镇道路需要大量附属设施

E. 城镇道路规划、设计和施工的影响因素多

【答案】ACD

【解析】城镇道路与公路比较，具有以下特点：

1）功能多样、组成复杂、艺术要求高；

2）车辆多、类型复杂、但车速差异大；

3）道路交叉口多，易发生交通阻滞和交通事故；

4）城镇道路需要大量附属设施和交通管理设施；

5）城镇道路规划、设计和施工的影响因素多；

6）行人交通量大，交通吸引点多，使得车辆和行人交通错综复杂，非机动车相互干涉严重；

7）城镇道路规划、设计应满足城市建设管理的需求。

4. 我国城镇道路按道路在道路交通网中的地位等分为（   ）。

A. 快速路   B. 主干路

C. 次干路　　　　　　　　　　　　D. 支路

E. 街坊路

【答案】ABCD

【解析】我国城镇道路按道路在道路交通网中的地位、交通功能以及对沿线的服务功能等，分为快速路、主干路、次干路和支路四个等级。

5. 道路两侧不宜设置吸引大量车流、人流的公共建筑出入口的是（　　　）。

A. 快速路　　　　　　　　　　　　B. 主干路

C. 次干路　　　　　　　　　　　　D. 支路

E. 街坊路

【答案】AB

【解析】快速路和主干路两侧不宜设置吸引大量车流、人流的公共建筑出入口。

6. 每类道路按城市规模、交通量、地形等可分为三级，下列说法正确的是（　　　）。

A. 大中城市应采用Ⅰ级标准　　　　B. 大城市采用Ⅰ级标准

C. 中等城市采用Ⅱ级标准　　　　　D. 小城镇采用Ⅲ级标准

E. 特大城市采用Ⅰ级标准

【答案】BCD

【解析】除快速路外，每类道路按照所在城市的规模、涉及交通量、地形等分为Ⅰ、Ⅱ、Ⅲ级。大城市应采用各类道路中的Ⅰ级标准，中等城市应采用Ⅱ级标准，小城镇应采用Ⅲ级标准。

7. 下列有关道路断面形式的说法正确的是（　　　）。

A. 单幅路适用于分流向，机、非混合行驶

B. 三幅路适用于机动车与非机动车分道行驶

C. 双幅路适用于机动车交通量大，非机动车交通量较少的快速路、次干路

D. 单幅路适用于交通量不大的次干路和支路

E. 四幅路适用于机动车交通量大，非机动车交通量较少的快速路、次干路

【答案】BCD

【解析】城镇道路按道路的断面形式可分为四类和特殊形式，这四类为：单幅路、双幅路、三幅路、四幅路。其各自的适用范围见表7-3。

城镇道路断面形式与适用范围　　　　　　　　　　表7-3

道路断面形式	车辆行驶情况	适用范围
单幅路	机动车与非机动车混合行驶	用于交通量不大的次干路、支路
双幅路	分流向，机、非机动车混合行驶	机动车交通量较大，非机动车交通量较少的主干路、次干路
三幅路	机动车与非机动车分道行驶	机动车与非机动车交通量均较大的主干路、次干路
四幅路	机动车与非机动车分流向分道行驶	机动车交通量大，车速高；非机动车多的快速路，次干路

8. 关于柔性路面和刚性路面，下列说法正确的是（　　　）。

A. 柔性路面在荷载作用下产生的弯沉变形较大，路面结构抗拉强度较高

B. 刚性路面在车轮荷载作用下垂直变形较小

C. 刚性路面在车轮荷载作用下垂直变形极小

D. 传递到刚性路面地基上的单位压力要较柔性路面小得多

E. 传递到刚性路面地基上的单位压力要较柔性路面大得多

【答案】CD

【解析】柔性路面在荷载作用下所产生的弯沉变形较大，路面结构本身抗弯拉强度较低。刚性路面主要指用水泥混凝土做面层或基层的路面结构，水泥混凝土路面板在车轮荷载作用下的垂直变形极小，荷载通过混凝土板体的扩散分布作用，传递到地基上的单位压力要较柔性路面小得多。

9. 下列说法正确的是（　　）。

A. 要突出显示道路线形的路段，面层宜采用彩色

B. 考虑雨水收集利用的道路，路面结构设计应满足透水性要求

C. 道路经过噪声敏感区域时，宜采用降噪路面

D. 对环保要求较高的路面，不宜采用温拌沥青混凝土

E. 对环保要求较高的路面，宜采用温拌沥青混凝土

【答案】ABCE

【解析】道路经过景观要求较高的区域或突出显示道路线形的路段，面层宜采用彩色；综合考虑雨水收集利用的道路，路面结构设计应满足透水性要求；道路经过噪声敏感区域时，宜采用降噪路面；对环保要求较高的路段或隧道内的沥青混凝土路面，宜采用温拌沥青混凝土。

10. 城市道路网布局形式主要有（　　）。

A. 方格网式　　　　　　　　　B. 环形放射式

C. 自由式　　　　　　　　　　D. 井字式

E. 混合式

【答案】ABCE

【解析】城市道路网布局形式主要分为方格网式、环形放射式、自由式和混合式四种形式。

11. 城市道路的横断面由以下几部分组成（　　）。

A. 车行道　　　　　　　　　　B. 人行道

C. 绿化带　　　　　　　　　　D. 分车带

E. 支路

【答案】ABCD

【解析】城市道路的横断面由车行道、人行道、绿化带和分车带等部分组成。

12. 道路的平面线形主要由以下哪些构成（　　）。

A. 曲线　　　　　　　　　　　B. 直线

C. 圆曲线　　　　　　　　　　D. 缓和曲线

E. 平行线

【答案】BC

【解析】道路的平面线形，通常指的是道路中线的平面投影，主要由直线和圆曲线两部分组成。对于等级较高的路线，在直线和圆曲线之间还要插入缓和曲线。

13. 道路平面线形设计的总原则是（　　）。

A. 合理
B. 安全
C. 迅速
D. 经济
E. 舒适

【答案】BCDE

【解析】道路平面设计必须遵循保证行车安全、迅速、经济以及舒适的线形设计的总原则，并符合设计规范、技术标准等规定。

14. 道路纵断面设计中，下列正确的是（　　）。

A. 纵坡坡度设计值为 2%
B. 纵坡坡度设计值为 3%
C. 覆土深度设计值为 0.6m
D. 覆土深度设计值为 0.8m
E. 最大纵坡一般不大于 2.5%

【答案】ADE

【解析】一般来说，考虑到自行车和其他非机动车的爬坡能力，最大纵坡一般不大于 2.5%，最小纵坡应满足纵向排水的要求，一般应不小于 0.3%～0.5%，道路纵断面设计的标高应保持管线的最小覆土深度，管顶最小覆土深度一般不小于 0.7m。

15. 路基的基本要素有（　　）。

A. 长度
B. 宽度
C. 高度
D. 边坡坡度
E. 道路坡度

【答案】BCD

【解析】路基要素有宽度、高度和边坡坡度等。

16. 下列不属于道路路基位于路面结构的最下部，路基应满足的要求的是（　　）。

A. 具有足够的整体稳定性
B. 具有足够的强度
C. 具有足够的刚度
D. 具有足够的抗变形能力
E. 具有足够的耐久性

【答案】ABDE

【解析】道路路基位于路面结构的最下部，路基应满足下列要求：路基横断面形式及尺寸应符合标准规定；具有足够的整体稳定性；具有足够的强度；具有足够的抗变形能力和耐久性；岩石或填石路基顶面应铺设整平层。

17. 路面通常由一层或几层组成，以下属于路面组成的是（　　）。

A. 面层
B. 垫层
C. 磨耗层
D. 基层
E. 沥青层

【答案】ABD

【解析】路面是由各种材料铺筑而成的，通常由一层或几层组成，路面可分为面层、垫层和基层，磨耗层又称为表面层。

18. 基层应满足以下哪些要求（　　）。

A. 强度
B. 耐久性
C. 扩散荷载的能力
D. 水稳定性

E. 抗冻性

【答案】ACDE

【解析】基层应满足强度、扩散荷载的能力以及水稳定性和抗冻性的要求。

19. 下列基层属于刚性的是（　　）。

A. 水泥稳定类
B. 石灰稳定类
C. 二灰稳定类
D. 沥青稳定碎层
E. 级配碎石

【答案】ABC

【解析】水泥稳定类、石灰稳定类、二灰稳定类基层为刚性，沥青稳定碎层、级配碎石为柔性基层。

20. 下列哪些说法正确（　　）。

A. 当路面结构破损较为严重或承载能力不能满足未来交通需求时，应采用加铺结构层补强

B. 当路面结构破损严重，或纵、横坡需作较大调整时，宜采用新建路面

C. 当路面平整度不佳，宜采用稀浆封层、薄层加铺等措施

D. 旧沥青混凝土路面的加铺层不能采用沥青混合料

E. 当旧沥青混凝土路面的断板率较低、接缝传荷能力良好，且路面纵、横坡基本符合要求时，可选用直接式水泥混凝土加铺层

【答案】ABCE

【解析】当路面平整度不佳，抗滑能力不足，但路面结构强度足够，结构损坏轻微时，沥青路面宜采用稀浆封层、薄层加铺等措施；当路面结构破损较为严重或承载能力不能满足未来交通需求时，应采用加铺结构层补强；当路面结构破损严重，或纵、横坡需作较大调整时，宜采用新建路面；旧沥青混凝土路面的加铺层宜采用沥青混合料；当旧沥青混凝土路面的断板率较低、接缝传荷能力良好，且路面纵、横基本符合要求时，可选用直接式水泥混凝土加铺层。

21. 雨水口的进水方式有（　　）。

A. 平箅式
B. 立式
C. 联合式
D. 落地式
E. 不落地式

【答案】ABC

【解析】雨水口的进水方式有平箅式、立式和联合式等。

22. 道路交通标志主要包括三要素，分别是（　　）。

A. 图案
B. 文字
C. 色彩
D. 形状
E. 符号

【答案】CDE

【解析】道路交通标志主要包括色彩、形状和符号三要素。

23. 道路交通主标志可分为（　　）。

A. 警告标志
B. 禁令标志

C. 指示标志　　　　　　　　　D. 指路标志

E. 辅助标志

【答案】ABCD

【解析】道路交通主标志可分为下列四类：警告标志、禁令标志、指示标志、指路标志。

24. 城市桥梁工程包括（　　）。

A. 人行天桥　　　　　　　　　B. 地下通道

C. 基础和附属结构　　　　　　D. 排水涵洞

E. 桥面系

【答案】ABD

【解析】城市桥梁工程包括人行天桥、地下通道和排水涵洞。

25. 下列哪些属于桥面系（　　）。

A. 桥面铺装　　　　　　　　　B. 人行道

C. 栏杆　　　　　　　　　　　D. 系梁

E. 伸缩缝

【答案】ABCE

【解析】桥面系包括桥面铺装、人行道、栏杆、排水和防水系统、伸缩缝等。

26. 桥梁的"五大部件"包括（　　）。

A. 桥跨结构　　　　　　　　　B. 支座系统

C. 桥墩　　　　　　　　　　　D. 桥台

E. 桥面系

【答案】ABCD

【解析】桥梁的"五大部件"包括：桥跨结构、支座系统、桥墩、桥台、墩台基础。

27. 按上部结构的行车道位置桥梁可分为（　　）。

A. 上承式　　　　　　　　　　B. 下承式

C. 中承式　　　　　　　　　　D. 梁式桥

E. 刚架桥

【答案】ABC

【解析】按上部结构的行车道位置桥梁可分为上承式、下承式和中承式。

28. 按桥梁全长和跨径不同可分为（　　）。

A. 特大桥　　　　　　　　　　B. 大桥

C. 中桥　　　　　　　　　　　D. 小桥

E. 拱桥

【答案】ABCD

【解析】按桥梁全长和跨径的不同分为特大桥、大桥、中桥、小桥四类。

29. 下列说法正确的是（　　）。

A. 桥梁多孔路径总长大于 1000m　　B. 单孔路径 140m 的桥称为特大桥

C. 多孔路径总长为 100m 的桥属于大桥　D. 多孔路径总长为 30m 的桥属于小桥

E. 单孔路径为 30m 的属于中桥

【答案】 ADE

【解析】 按桥梁全长和跨径的不同分为特大桥、大桥、中桥、小桥四类。见表 7-1 桥梁按总长或路径分类。

30. 斜拉桥由以下哪些构成（　　）。

A. 梁　　　　　　　　　　　　　　B. 塔

C. 吊杆　　　　　　　　　　　　　D. 吊索

E. 斜拉索

【答案】 ABE

【解析】 斜拉桥是由梁、塔和斜拉索组成的结构体系。

31. 桥梁设计采用的作用可分为（　　）。

A. 永久作用　　　　　　　　　　　B. 准永久作用

C. 可变作用　　　　　　　　　　　D. 偶然作用

E. 温度作用

【答案】 ACD

【解析】 桥梁设计采用的作用可分为永久作用、偶然作用和可变作用三类。

32. 下列属于永久作用的是（　　）。

A. 结构重力　　　　　　　　　　　B. 预加应力

C. 混凝土收缩　　　　　　　　　　D. 汽车荷载

E. 基础变位作用

【答案】 ABE

【解析】 桥梁设计采用的作用可分为永久作用、偶然作用和可变作用三类，具体如表 7-2 作用分类表。

33. 下列属于可变作用的是（　　）。

A. 水的浮力　　　　　　　　　　　B. 预加应力

C. 人群荷载　　　　　　　　　　　D. 汽车荷载

E. 温度作用

【答案】 CDE

【解析】 桥梁设计采用的作用可分为永久作用、偶然作用和可变作用三类，具体如表 7-2 作用分类表。

34. 下列属于梁桥桥面系构成的是（　　）。

A. 桥面铺装层　　　　　　　　　　B. 防水和排水系统

C. 伸缩缝　　　　　　　　　　　　D. 安全带

E. 缆绳

【答案】 ABCD

【解析】 梁桥桥面系一般由桥面铺装层、防水和排水系统、伸缩缝、安全带、人行道、栏杆、灯柱等构成。

35. 桥面系其他附属机构包括（　　）。

A. 人行道　　　　　　　　　　　　B. 安全带

C. 排水系统　　　　　　　　　　　D. 栏杆

E. 灯柱

【答案】ABDE

【解析】其他附属设施有：人行道、安全带、栏杆、灯柱、安全护栏。

36. 按承重结构的横截面形式，钢筋混凝土梁桥可分为（   ）。

A. 悬臂梁桥　　　　　　　　　B. 板桥

C. 肋梁桥　　　　　　　　　　D. 箱形梁桥

E. 连续梁桥

【答案】BCD

【解析】按承重结构的横截面形式，钢筋混凝土梁桥可分为板桥、肋梁桥、箱型梁桥等。

37. 下列说法正确的是（   ）。

A. 实心板桥一般使用跨径为 4.0～8.0m

B. 钢筋混凝土空心板桥适用跨径为 8.0～13.0m

C. 预应力混凝土空心板适用跨径为 8.0～16.0m

D. 装配式简支板桥的板宽一般为 0.9m

E. 装配式简支板桥的板宽一般为 1.0m

【答案】ABCE

【解析】装配式简支板桥的板宽，一般为 1.0m，预置宽度通常为 0.9m。实心板桥一般使用跨径为 4.0～8.0m，钢筋混凝土空心板桥适用跨径为 8.0～13.0m，预应力混凝土空心板适用跨径为 8.0～16.0m。

38. 柱式桥墩包括以下哪些部分（   ）。

A. 承台　　　　　　　　　　　B. 立柱

C. 盖梁　　　　　　　　　　　D. 墩帽

E. 墩身

【答案】ABC

【解析】柱式桥墩是由基础之上的承台、分离的立柱和盖梁组成，是目前城市桥梁中广泛采用的桥墩形式之一。

39. 柱式桥墩常用的形式有（   ）。

A. 单柱式　　　　　　　　　　B. 空心柱式

C. 双柱式　　　　　　　　　　D. 哑铃式

E. 混合双柱式

【答案】ACDE

【解析】柱式桥墩常用的形式有单柱式、双柱式、哑铃式和混合双柱式。

40. 梁桥桥台按构造可分为（   ）。

A. 重力式桥台　　　　　　　　B. 轻型桥台

C. 框架式桥台　　　　　　　　D. 组合式桥台

E. 钢筋混凝土桥台

【答案】ABCD

【解析】梁桥桥台按构造可分为重力式桥台、轻型桥台、框架式桥台和组合式桥台。

41. 框架式桥台适用于具有以下哪些特点的桥（   ）。

A. 地基承载力较低
B. 地基承载力较高
C. 台身较高
D. 台身较低
E. 跨径较大

【答案】ACE

【解析】框架式桥台是一种在横桥向呈框架式结构的桩基础轻型桥台，所受的土压力较小，适用于地基承载力较低、台身较高、跨径较大的梁桥。

42. 桥梁桩基础按成桩方法可分为（   ）。

A. 沉入桩
B. 灌注桩基础
C. 钻孔灌注桩
D. 人工挖孔桩
E. 沉入桩基础

【答案】ACD

【解析】桥梁桩基出按传力方式有端承桩和摩擦桩。通常可分为沉入桩基础和灌注桩基础，按成桩方法可分为：沉入桩、钻孔灌注桩、人工挖孔桩。

43. 给水常用的管材有钢管有（   ）。

A. 球墨铸铁管
B. 钢筋混凝土压力管
C. 预应力钢筒混凝土管
D. 普通塑料管
E. 化学建材管

【答案】ABCE

【解析】给水常用的管材有钢管、球墨铸铁管、钢筋混凝土压力管、预应力钢筒混凝土管、化学建材管。

44. 水泥砂浆内防腐层采用的施工工艺有（   ）。

A. 机械喷涂
B. 人工抹压
C. 高压无气喷涂工艺
D. 拖筒
E. 离心预制法

【答案】ABDE

【解析】水泥砂浆内防腐层采用机械喷涂、人工抹压、拖筒或离心预制法施工。

45. 焊接接口适用于（   ）。

A. 混凝土管
B. 钢管
C. 球墨铸铁管
D. 化学建材管
E. 预应力混凝土管

【答案】BD

【解析】焊接接口：适用于钢管和化学建材管。

46. 排水工程管道系统可分为雨水系统和污水系统。雨水系统的组成主要有（   ）。

A. 管道系统
B. 检查井
C. 排洪沟
D. 雨水泵站
E. 出水口

【答案】ACDE

【解析】排水工程管道系统可分为雨水系统和污水系统。雨水系统的组成主要有：管道系统、排洪沟（河）、雨水泵站和出水口等。

47. 可采用水泥砂浆抹带接口的有（　　　）。

A. 混凝土平口管　　　　　　　　　　B. 企口管

C. 承插管　　　　　　　　　　　　　D. 球墨铸铁管

E. 化学建材管

【答案】ABC

【解析】水泥砂浆抹带接口属于刚性接口，使用与地基土质较好的雨水管道，混凝土平口管、企口管和承插管等可采用此接口形式。

48. 柔性接口适用于（　　　）。

A. 混凝土平口管　　　　　　　　　　B. 企口管

C. 承插管　　　　　　　　　　　　　D. 球墨铸铁管

E. 化学建材管

【答案】CDE

【解析】柔性接口适用于地基土质较差、有不均匀沉降或地震区。承插式混凝土管、球墨铸铁管和化学建材管可采用此接口形式。

49. 化学建材管可采用以下哪些接口形式（　　　）。

A. 柔性接口　　　　　　　　　　　　B. 焊接接口

C. 法兰接口　　　　　　　　　　　　D. 化学粘合剂接口

E. 刚性接口

【答案】ABCD

【解析】柔型接口：承插式混凝土管、球墨铸铁管和化学建材管可采用此接口形式；焊接接口：适用于PCCP管和化学建材管；法兰接口：适用于PCCP管和化学建材管；化学粘合剂接口：适用于化学建材管。

50. 井身在构造上分为（　　　）。

A. 工作室　　　　　　　　　　　　　B. 渐缩部分

C. 井盖　　　　　　　　　　　　　　D. 爬梯

E. 井筒

【答案】ABE

【解析】井身在构造上分为工作室、渐缩部分和井筒三部分。

51. 按雨水口数量，雨水口可分为（　　　）。

A. 单箅式　　　　　　　　　　　　　B. 双箅式

C. 平箅式　　　　　　　　　　　　　D. 联合式

E. 多箅式

【答案】ABDE

【解析】雨水口按雨水口数量可分为：单箅式、双箅式、多箅式和联合式。

52. 两级系统的组成部分（　　　）。

A. 低压管网　　　　　　　　　　　　B. 低压和中压B管网

C. 低压和中压A管网　　　　　　　　D. 低压、中压、高压三级管网

E. 中压A和高压B

【答案】 BC

【解析】 城市燃气管网系统根据所采用的压力级制的不同，可分为一级系统、两级系统、三级系统和多级系统。两级系统由低压和中压 B 或低压和中压 A 两极管网组成。

53. 根据支架高度的不同，桥管敷设可分为（   ）。

A. 低支架敷设   B. 中支架敷设
C. 高支架敷设   D. 沟道敷设
E. 直埋敷设

【答案】 ABC

【解析】 根据支架高度的不同，桥管敷设可分为低支架敷设、中支架敷设、高支架敷设。沟埋敷设分沟道敷设和直埋敷设两种形式。

54. 供热管道上的阀门中起开启或关闭作用的阀门是（   ）。

A. 截止阀   B. 闸阀
C. 蝶阀   D. 单向阀
E. 减压阀

【答案】 AB

【解析】 供热管道上的阀门通常有三种类型，一是起开启或关闭作用的阀门，如截止阀、闸阀；二是起流量调节作用的阀门，如蝶阀；三是起特殊作用的阀门，如单向阀、安全阀等。

55. 下列补偿器中，属于利用材料的变形来吸收热伸长的是（   ）。

A. 套管补偿器   B. 自然补偿器
C. 方形补偿器   D. 波纹管补偿器
E. 球形补偿器

【答案】 BCD

【解析】 供热管道补偿器有两种，一种是利用材料的变形来吸收热伸长的补偿器，如自然补偿器、方形补偿器和波纹管补偿器；另一种是利用管道的位移来吸收热伸长的补偿器，如套管补偿器和球形补偿器。

56. 活动支架可分为（   ）。

A. 滑动支架   B. 导向支架
C. 滚动支架   D. 悬吊支架
E. 平移支架

【答案】 ABCD

【解析】 活动支架可分为：滑动支架、导向支架、滚动支架和悬吊支架等四种形式。

第八章 市政工程预算的基本知识

一、判断题

1. 多数企业施工定额都是保密的，通常不向社会公布。

【答案】 正确

【解析】 大型企业通常会编制企业的施工定额，但多数企业施工定额都是保密的，通常不向社会公布。

2. 市政工程定额的分部工程、分项工程划分只需要依据行业统一定额或地方定额确定。

【答案】 错误

【解析】 市政工程定额的分部工程、分项工程划分应依据行业统一定额或地方定额视建设项目具体条件进行确定。

3. 人行道的检验批划分为每侧流水施工段作为一个检验批为宜。

【答案】 错误

【解析】 人行道的检验批划分为每侧路段 300～500m 作为一个检验批为宜。

4. 松填方按松填后的体积计算。

【答案】 正确

【解析】 松填方按松填后的体积计算。

5. 主干管道按管道沟槽的净长线计算。

【答案】 错误

【解析】 主干道按管道的设计轴线长度计算，支线管道按支管沟槽的净长线计算。

6. 钢筋混凝土管桩按桩长度乘以桩横断面面积。

【答案】 错误

【解析】 钢筋混凝土方桩、板桩按桩长度乘以桩横断面面积计算；钢筋混凝土管桩按桩长度乘以桩横断面面积，减去空心部分体积计算。

7. 先张法预应力筋，按构建外形尺寸计算长度。

【答案】 正确

【解析】 先张法预应力筋，按构建外形尺寸计算长度，后张法预应力钢筋按设计图规定的预应力钢筋预留孔道长度。

8. 用低碳钢丝制作的箍筋，其弯钩的弯曲直径不应大于受力钢筋直径，且不小于箍筋直径的 5 倍。

【答案】 错误

【解析】 用低碳钢丝制作的箍筋，其弯钩的弯曲直径不应大于受力钢筋直径，且不小于箍筋直径的 2.5 倍。

9. 工程量清单是载明建设工程分部分项工程、措施项目、其他项目的名称和相应数量以及规费、税金项目等内容的明细清单。

【答案】正确

【解析】工程量清单是载明建设工程分部分项工程、措施项目、其他项目的名称和相应数量以及规费、税金项目等内容的明细清单。

10. 工程量清单计价方法必须在发出招标文件之前编制。

【答案】正确

【解析】工程量清单计价方法必须在发出招标文件之前编制。

11. 工程量清单计价的合同价款的调整方式包括变更签证和政策性调整等。

【答案】错误

【解析】工程量清单计价的合同价款的调整方式主要是索赔。

二、单选题

1. 劳动消耗定额又称（　　）。

A. 人工消耗定额 　　　　　　　　　B. 材料消耗定额
C. 机械台班消耗定额 　　　　　　　D. 施工定额

【答案】A

【解析】劳动定额也称为人工定额。

2. （　　）作为确定工程造价的主要依据，是计算标底和确定报价的主要依据。

A. 劳动定额 　　　　　　　　　　　B. 施工定额
C. 预算定额 　　　　　　　　　　　D. 概算定额

【答案】C

【解析】预算定额作为确定工程造价的主要依据，是计算标底和确定报价的主要依据。

3. 以下哪项是以整个构筑物为对象，而规定人工、机械与材料的耗用量及其费用标准（　　）。

A. 概算定额 　　　　　　　　　　　B. 施工定额
C. 预算定额 　　　　　　　　　　　D. 概算指标

【答案】D

【解析】概算指标是以整个构筑物为对象，或以一定数量面积（或长度）为计量单位，而规定人工、机械与材料的耗用量及其费用标准。

4. 以下哪项既是企业编制施工组织设计的依据，又是企业编制施工作业计划的依据（　　）。

A. 概算定额 　　　　　　　　　　　B. 施工定额
C. 预算定额 　　　　　　　　　　　D. 概算指标

【答案】B

【解析】施工定额在企业计划管理方面的作用，既是企业编制施工组织设计的依据，又是企业编制施工作业计划的依据。

5. 管道沟槽的深度按基础的形式和埋深分别计算，枕基的计算方法是（　　）。

A. 原地面高程减设计管道基础底面高程
B. 原地面高程减设计管道基础底面高程加管壁厚度
C. 原地面高程减设计管道基础底面高程加垫层厚度

D. 原地面高程减设计管道基础底面高程减管壁厚度

【答案】B

【解析】管道沟槽的深度按基础的形式和埋深分别计算，带基按枕基的计算方法是原地面高程减设计管道基础底面高程，设计有垫层的，还应加上垫层的厚度；枕基按原地面高程减设计管道基础底面高程加管壁厚度。

6. 工程量均以施工图为准计算，下列说法错误的是（　　）。

A. 砌筑按计算体积，以立方米计算抹灰和勾缝

B. 各种井的预制构件以实体积计算

C. 井、渠垫层、基础按实体积以立方米计算

D. 沉降缝应区分材质，按沉降缝的断面积或铺设长分别以平方米和米计算

【答案】A

【解析】工程量均以施工图为准计算：砌筑按计算体积，以立方米计算抹灰，勾缝以平方米计算；各种井的预制构件以实体积计算；井、渠垫层、基础按实体积以立方米计算；沉降缝应区分材质，按沉降缝的断面积或铺设长分别以平方米和米计算。

7. 下列关于保护层厚度的说法错误的是（　　）。

A. 当混凝土强度等级不低于 C20 且施工质量可靠保证，其保护层厚度可按相应规范中减少 5mm

B. 预制构件中的预应力钢筋保护层厚度不应小于 25mm

C. 钢筋混凝土受弯构件，钢筋端头的保护层厚度一般为 10mm

D. 板、墙、壳中分布钢筋的保护层厚度不应小于 20mm

【答案】D

【解析】当混凝土强度等级不低于 C20 且施工质量可靠保证，其保护层厚度可按相应规范中减少 5mm，但预制构件中的预应力钢筋保护层厚度不应小于 25mm；钢筋混凝土受弯构件，钢筋端头的保护层厚度一般为 10mm；板、墙、壳中分布钢筋的保护层厚度不应小于 15mm。

8. 下列有关工程量计算错误的是（　　）。

A. 计算单位要和套用的定额项目的计算单位一致

B. 相同计量单位只有一种计算方法

C. 注意计算包括的范围

D. 注意标准要符合定额的规定

【答案】B

【解析】工程量的计算必须符合概预算定额规定的计算规则和方法，应注意：计算单位要和套用的定额项目的计算单位一致；相同计量单位有不同的计算方法；注意计算包括的范围；注意标准要符合定额的规定。

9. 使用国有资金投资的建设工程发承包，必须采用（　　）计价。

A. 施工定额　　　　　　　　　　B. 预算定额

C. 概算定额　　　　　　　　　　D. 工程量清单

【答案】D

【解析】使用国有资金投资的建设工程发承包，必须采用工程量清单计价。

三、多选题

1. 按用途分类，市政工程定额可分为（　　）。

A. 劳动定额
B. 施工定额
C. 预算定额
D. 概算定额
E. 概算指标

【答案】 BCDE

【解析】 按用途分类，市政工程定额可分为：施工定额、概算定额、预算定额和概算指标。

2. 预算定额包括（　　）。

A. 劳动定额
B. 材料消耗定额
C. 机械台班使用定额
D. 时间定额
E. 产量定额

【答案】 ABC

【解析】 预算定额包括：劳动定额、材料消耗定额和机械台班使用定额。

3. 按执行范围或按主编单位分类，可分为（　　）。

A. 全国统一定额
B. 地区定额
C. 地区施工定额
D. 企业施工定额
E. 企业定额

【答案】 ABD

【解析】 按执行范围或按主编单位分类，可分为：全国统一定额、地区定额、企业施工定额。

4. 市政工程定额的作用主要有：（　　）

A. 有利于节约社会劳动和提高生产率
B. 为企业编制施工组织设计提供依据
C. 有利于建筑市场公平竞争
D. 有利于市场行为的规范
E. 有利于完善市场的信息系统

【答案】 ACDE

【解析】 市政工程定额的作用主要有：有利于节约社会劳动和提高生产率；有利于建筑市场公平竞争；有利于市场行为的规范；有利于完善市场的信息系统。

5. 道路路基工程的分项工程包括（　　）。

A. 土方路基
B. 石方路基
C. 沥青碎石基层
D. 路基处理
E. 路肩

【答案】 ABDE

【解析】 道路路基工程的分项工程包括：土方路基、石方路基、路基处理、路肩。

6. 下列关于沟槽底宽计算方法正确的是（　　）。

A. 排水管道底宽按其管道基础宽度加两侧工作面宽度计算
B. 给水燃气管道沟槽底宽按其管道基础宽度加两侧工作面宽度计算
C. 给水燃气管道沟槽底宽按管道外径加两侧工作面宽度计算

D. 支挡土板沟槽底宽除按规定计算外，每边另加 0.1m

E. 支挡土板沟槽底宽除按规定计算外，每边另减 0.1m

【答案】 ACD

【解析】 排水管道底宽按其管道基础宽度加两侧工作面宽度计算；给水燃气管道沟槽底宽按管道外径加两侧工作面宽度计算；支挡土板沟槽底宽除按规定计算外，每边另加 0.1m。

7. 下列关于土石方运输计算正确的是（　　）。

A. 推土机的运距按挖填方区的重心之间的直线距离计算

B. 铲运机运距按循环运距的 1/3

C. 铲运机运距按挖方区至弃土区重心之间的直线距离

D. 铲运机运距按挖方区至弃土区重心之间的直线距离，另加转向运距 45m

E. 自卸汽车运距按循环路线的 1/2 距离计算

【答案】 ADE

【解析】 推土机的运距按挖填方区的重心之间的直线距离计算；铲运机运距按循环运距的 1/2 或挖方区至弃土区重心之间的直线距离，另加转向运距 45m；自卸汽车运距按挖方区重心至弃土区重心之间的实际行驶距离计算或按循环路线的 1/2 距离计算。

8. 对原路面以下的路床部分说法正确的是（　　）。

A. 全部为换填土

B. 全部为填方

C. 部分为换填土、部分为填方

D. 以原地面线和路基顶面线较低者为界进行计算

E. 以原地面线和路基顶面线较高者为界进行计算

【答案】 CD

【解析】 路床填土部分属于换填土、部分属于填方，应当以原地面线和路基顶面线较低者为界进行分别计算。

9. 下列关于交通管理设施正确的是（　　）。

A. 标牌制作按不同版型以平方米计算

B. 标杆制作按不同杆式类型以吨计算

C. 门架制作以平方米计算

D. 图案、文字按最大外围面积计算

E. 双柱杆以吨计算

【答案】 ABDE

【解析】 标牌制作按不同版型以平方米计算；标杆制作按不同杆式类型以吨计算；门架制作综合各种类型以吨计算；图案、文字按最大外围面积计算；双柱杆以吨计算。

10. 下列说法正确的是（　　）。

A. 钢筋混凝土方桩、板桩按桩长度乘以桩横断面面积计算

B. 钢筋混凝土管桩按桩长度乘以桩横断面面积

C. 钢筋混凝土管桩按桩长度乘以桩横断面面积，减去空心部分体积计算

D. 现浇混凝土工程量以实体积计算，不扣除钢筋、钢丝、铁件等所占体积

E. 预制混凝土计算中空心板梁的堵头板体积不计入工程量内

【答案】ACDE

【解析】钢筋混凝土方桩、板桩按桩长度乘以桩横断面面积计算；钢筋混凝土管桩按桩长度乘以桩横断面面积，减去空心部分体积计算；现浇混凝土工程量以实体积计算，不扣除钢筋、钢丝、铁件等所占体积；预制混凝土计算中空心板梁的堵头板体积不计入工程量内。

11. 计算工程量单价的价格依据包括（　　　）。

A. 概算定额 　　　　　　　　　　　B. 人工单价

C. 材料价格 　　　　　　　　　　　D. 材料运杂费

E. 机械台班费

【答案】BCDE

【解析】计算工程量单价的价格依据包括人工单价、材料价格、材料运杂费和机械台班费。

12. 工程量清单计价的特点有（　　　）。

A. 满足竞争的需要 　　　　　　　　B. 竞争条件平等

C. 有利于工程款的拨付 　　　　　　D. 有利于避免风险

E. 有利于建设单位对投资的控制

【答案】ABCE

【解析】工程量清单计价的特点有满足竞争的需要；竞争条件平等；有利于工程款的拨付；有利于建设单位对投资的控制。

13. 工程量清单计价与定额计价的差别有（　　　）。

A. 编制工程量的单位不同 　　　　　B. 编制工程量清单的时间不同

C. 表现形式不同 　　　　　　　　　D. 编制依据不同

E. 适用范围不同

【答案】ABCD

【解析】工程量清单计价与定额计价的差别：编制工程量的单位不同；编制工程量清单的时间不同；表现形式不同；编制依据不同。

第九章　计算机和相关管理软件的应用知识

一、判断题

1. 控制面板是对 Windows 进行管理控制的中心。

【答案】正确

【解析】控制面板是对 Windows 进行管理控制的中心。

2. Word 文本中可以插入图片，但不能进行编辑。

【答案】正确

【解析】插入图片后，可以改变图形尺寸。

3. Excel 表格可以进行不同单元填充相同的数据。

【答案】正确

【解析】不同的单元格填充相同的数据：鼠标单击单元格，移动鼠标指针至单元格右下角，按下鼠标左键，拖动鼠标向右一定的距离后释放鼠标。

4. 绝对坐标是指相对于当前坐标系原点的坐标。

【答案】正确

【解析】绝对坐标是指相对于当前坐标系原点的坐标。包括绝对直角坐标和绝对极坐标。

5. AutoCAD 是一款绘图软件。

【答案】错误

【解析】AutoCAD 是一款工具软件，通常用来绘制建筑平、立、剖面图、节点图等。

6. 管理软件既可以将多个层次的主体集中于一个协同的管理平台上，也可以应用于单项、多项目组合管理。

【答案】正确

【解析】管理软件既可以将集团、企业、分子公司、项目部等多个层次的主体集中于一个协同的管理平台上，也可以应用于单项、多项目组合管理，达到两级管理、三级管理、多级管理多种模式。

二、单选题

1. （　　）是一款工具软件，通常用来绘制建筑平、立、剖面图、节点图等。
A. Excel
B. Word
C. Office
D. AutoCAD

【答案】D

【解析】AutoCAD 是一款工具软件，通常用来绘制建筑平、立、剖面图、节点图等。

三、多选题

1. AutoCAD 的常用命令包括（　　）。

A. 直线
B. 多段线
C. 多线
D. 正多边形
E. 文字标注

【答案】ABCDE

【解析】直线、多段线、多线、正多边形、文字标注等都是 AutoCAD 的常用命令。

第十章　市政工程施工测量的基本知识

一、判断题

1. 丈量步骤主要包括定线和丈量。

【答案】错误

【解析】丈量步骤主要包括定线、丈量和成果计算。

2. 测站点至观测目标的视线与水平线的夹角称为水平角。

【答案】错误

【解析】地面上某点到两目标的方向线垂直投影在水平面上所成的角称为水平角。测站点至观测目标的视线与水平线的夹角称为竖直角。

3. 地面上某点到两目标的方向线垂直投影在水平面上所成的角称为水平角。

【答案】正确

【解析】地面上某点到两目标的方向线垂直投影在水平面上所成的角称为水平角。测站点至观测目标的视线与水平线的夹角称为竖直角。

4. 测量上常用视线与铅垂线的夹角表示，称为天顶距，均为负值。

【答案】错误

【解析】测量上常用视线与铅垂线的夹角表示，称为天顶距，没有负值。

5. 测回法是先用盘右位置对水平角两个方向进行一次观测，再用盘左位置进行一侧观测。

【答案】错误

【解析】测回法是先用盘左位置对水平角两个方向进行一次观测，再用盘右位置进行一侧观测。

6. 当一个测站上需要观测两个以上方向时，通常采用方向观测法。

【答案】正确

【解析】当一个测站上需要观测两个以上方向时，通常采用方向观测法。

7. 水准测量是高程测量中最精确的方法。

【答案】正确

【解析】水准测量是利用仪器提供的水平视线进行量测，比较两点间的高差，高程测量中最精确的方法。

8. 高差法适用于一个测站上有一个后视读数和多个前视读数。

【答案】错误

【解析】高差法适用于一个测站上有一个后视读数和一个前视读数。视线高程法适用于一个测站上有一个后视读数和多个前视读数。

9. 施工测量水准点多采用木桩顶入土层桩顶用水泥砂浆封固并用钢筋架立保护。

【答案】错误

【解析】施工测量水准点多采用混凝土制成，中间插入钢筋，或标示在突出的稳固岩石或构筑物的勒脚。临时性的水准点可用木桩顶入土层桩顶用水泥砂浆封固并用钢筋架立保护。

10. 各级控制点的计算根据需要采用严密的平差法或近似平差法，精度满足要求后方可使用。

【答案】正确

【解析】各级控制点的计算根据需要采用严密的平差法或近似平差法，精度满足要求后方可使用。

11. 当测量精度要求较高的水平角时，可采用盘左、盘右的方向测量。

【答案】错误

【解析】对于一般精度要求的水平角，可采用盘左、盘右的方向测量。

12. 当路堤不高时，采用分层挂线法。

【答案】错误

【解析】当路堤不高时，采用一次挂绳法，当路堤较高时，可选用分层挂线法。

13. 桥墩中心线在桥轴线方向上方位置中误差不应大于±20mm。

【答案】错误

【解析】桥墩中心线在桥轴线方向上方位置中误差不应大于±15mm。

二、单选题

1. 为确保测距成果的精度，一般进行（   ）。
A. 单次丈量　　　　　　　　　　　B. 往返丈量
C. 两次丈量取平均值　　　　　　　D. 进行两次往返丈量

【答案】B

【解析】为确保测距成果的精度，一般进行往返丈量。

2. 下列说法错误的是（   ）。
A. 水准测量是利用仪器提供的水平视线进行量测，比较两点间的高差
B. 两点的高差等于前视读数减后视读数
C. 高差法适用于一个测站上有一个后视读数和一个前视读数
D. 视线高程法适用于一个测站上有一个后视读数和多个前视读数

【答案】B

【解析】水准测量是利用仪器提供的水平视线进行量测，比较两点间的高差；两点的高差等于后视读数减前视读数；高差法适用于一个测站上有一个后视读数和一个前视读数。视线高程法适用于一个测站上有一个后视读数和多个前视读数。

3. 下列仪器既能自动测量高程又能自动测量水平距离的是（   ）。
A. 水准仪　　　　　　　　　　　　B. 水准尺
C. 自动安平水准仪　　　　　　　　D. 电子水准仪

【答案】D

【解析】电子水准仪是既能自动测量高程又能自动测量水平距离。

4. 由一个已知高程的水准点开始观测，顺序测量若干待测点，最后回到原来开始的水准点的路线是（   ）。

A. 闭合水准路线   B. 附合水准路线

C. 支水准路线   D. 折线水准路线

【答案】A

【解析】闭合水准路线是由一个已知高程的水准点开始观测，顺序测量若干待测点，最后回到原来开始的水准点的路线。

5. 由已知水准点开始测若干个待测点之后，既不闭合也不附合的水准路线称为（　　）。

A. 闭合水准路线   B. 附合水准路线

C. 支水准路线   D. 折线水准路线

【答案】C

【解析】由已知水准点开始测若干个待测点之后，既不闭合也不附合的水准路线称为支水准路线。

6. （　　）是建立国家大地控制网的一种方法，也是工程测量中建立控制点的常用方法。

A. 角度测量   B. 水准测量

C. 导线测量   D. 施工测量

【答案】C

【解析】导线测量是建立国家大地控制网的一种方法，也是工程测量中建立控制点的常用方法。

7. 当在施工场地上已经布置方格网时，可采用（　　）来测量点位。

A. 直角坐标法   B. 极坐标法

C. 角度交会法   D. 距离交会法

【答案】A

【解析】当在施工场地上已经布置方格网时，可采用直角坐标法来测量点位。

8. 根据两个或两个以上的已知角度的方向交会出的平面位置，称为（　　）。

A. 直角坐标法   B. 极坐标法

C. 角度交会法   D. 距离交会法

【答案】C

【解析】根据两个或两个以上的已知角度的方向交会出的平面位置，称为角度交会法。

三、多选题

1. 下列属于电磁波测距仪的是（　　）。

A. 激光测距仪   B. 红外光测距仪

C. 微波测距仪   D. 经纬仪

E. 全站仪

【答案】ABC

【解析】电磁波测距技术得到了迅速发展，出现了激光、红外光和其他光源为载波的光电测距仪以及用微波为载波的微波测距仪。把这类测距仪统称为电磁波测距仪。

2. 经纬仪按读数设备可分为（　　）。

A. 精密经纬仪   B. 光学经纬仪

C. 游标经纬仪　　　　　　　　　　　　D. 方向经纬仪

E. 复测经纬仪

【答案】BC

【解析】按精度分为精密经纬仪和普通经纬仪，按读数设备可分为光学经纬仪和游标经纬仪；按轴系构造可分为复测经纬仪和方向经纬仪。

3. 全站仪所测定的要素主要有（　　　）。

A. 水平角　　　　　　　　　　　　　　B. 水平距离

C. 竖直角　　　　　　　　　　　　　　D. 斜距

E. 高程

【答案】ACD

【解析】全站仪所测定的要素主要有：水平角、竖直角和斜距。

4. 水准仪按其精度分为（　　　）。

A. $DS_{0.5}$　　　　　　　　　　　　　B. DS_1

C. DS_3　　　　　　　　　　　　　　D. DS_5

E. DS_{10}

【答案】ABCE

【解析】水准仪按其精度分为 $DS_{0.5}$、DS_1、DS_3、DS_{10}。

5. 高程测量的方法分为（　　　）。

A. 水准测量法　　　　　　　　　　　　B. 电磁波测距

C. 三角高程测量法　　　　　　　　　　D. 施工测量法

E. 经纬仪定线法

【答案】ABC

【解析】高程测量的方法分为水准测量法、电磁波测距、三角高程测量法。

6. 道路施工测量主要包括（　　　）。

A. 恢复中线测量　　　　　　　　　　　B. 施工控制桩的测量

C. 角度测量　　　　　　　　　　　　　D. 边桩竖曲线的测量

E. 施工控制测量

【答案】ABD

【解析】道路施工测量主要包括恢复中线测量、施工控制桩的测量、边桩竖曲线的测量。

7. 施工前的测量工作包括（　　　）。

A. 恢复中线　　　　　　　　　　　　　B. 测设施工控制桩

C. 加密施工水准点　　　　　　　　　　D. 槽口放线

E. 高程和坡度测设

【答案】ABC

【解析】施工前的测量工作包括：恢复中线、测设施工控制桩、加密施工水准点。

施工员（市政方向）通用与基础知识试卷

一、判断题（共 20 题，每题 1 分）

1. 《建筑法》的立法目的在于加强对建筑活动的监督管理，维护建筑市场秩序，保证建筑工程的质量和安全，促进建筑业健康发展。

【答案】（　　　）

2. 房屋建筑工程施工总承包二级企业可以承揽单项建安合同额不超过企业注册资本金 5 倍的 28 层及以下、单跨跨度 36m 及以下的房屋建筑工程。

【答案】（　　　）

3. 水泥是混凝土组成材料中最重要的材料，也是成本支出最多的材料，更是影响混凝土强度、耐久性最重要的影响因素。

【答案】（　　　）

4. 通常在较炎热地区可选择较低黏稠度的沥青，防止路面低温开裂。

【答案】（　　　）

5. 道路平面图比例通常为 1：500。

【答案】（　　　）

6. 管道纵断面图包括开槽施工图和不开槽施工图。

【答案】（　　　）

7. 注浆加固法适用于砂土、粉土、黏性土和一般填土层。

【答案】（　　　）

8. 对软石和强风化岩石一般采用人工开挖。

【答案】（　　　）

9. 热拌沥青混合料（HMA）适用于各种等级道路的沥青路面，通常分为普通沥青混合料和改性沥青混合料。

【答案】（　　　）

10. 施工项目的生产要素主要包括劳动力、材料、技术和资金。

【答案】（　　　）

11. 两个共点力可以合成一个合力，一个力也可以分解为两个分力，结果都是唯一的。

【答案】（　　　）

12. 刚度是指结构或构件抵抗破坏的能力。

【答案】（　　　）

13. 路基边坡坡度对路基稳定起着重要的作用，m 值越大，边坡越缓，稳定性越好。

【答案】（　　　）

14. 钢筋混凝土空心板桥适用跨径为 8.0～16.0m。

【答案】（　　　）

15. 市政工程定额的分部工程、分项工程划分只需要依据行业统一定额或地方定额确定。

【答案】（　　）

16. 工程量清单是载明建设工程分部分项工程、措施项目、其他项目的名称和相应数量以及规费、税金项目等内容的明细清单。

【答案】（　　）

17. 控制面板是对 Windows 进行管理控制的中心。

【答案】（　　）

18. 管理软件既可以将多个层次的主体集中于一个协同的管理平台上，也可以应用于单项、多项目组合管理。

【答案】（　　）

19. 测量上常用视线与铅垂线的夹角表示，称为天顶距，均为负值。

【答案】（　　）

20. 桥墩中心线在桥轴线方向上方位置中误差不应大于±20mm。

【答案】（　　）

二、单选题（共 40 题，每题 1 分）

21. 建设法规是指国家立法机关或其授权的行政机关制定的旨在调整国家及其有关机构、企事业单位、（　　）之间，在建设活动中或建设行政管理活动中发生的各种社会关系的法律、法规的统称。

A. 社区
B. 市民
C. 社会团体、公民
D. 地方社团

22. 以下关于市政公用工程规定的施工总承包一级企业可以承包工程范围的说法中，错误的是（　　）。

A. 城市道路工程
B. 供气规模 15 万 m^3/日燃气工程
C. 各类城市生活垃圾处理工程
D. 供热面积 180 万 m^2 及以下的热力工程

23. 以下（　　）不宜用于大体积混凝土施工。

A. 普通硅酸盐水泥
B. 矿渣硅酸盐水泥
C. 火山灰质硅酸盐水泥
D. 粉煤灰硅酸盐水泥

24. 下列关于混凝土的耐久性的相关表述中，正确的是（　　）。

A. 抗渗等级是以 28d 龄期的标准试件，用标准试验方法进行试验，以每组八个试件，六个试件未出现渗水时，所能承受的最大静水压来确定
B. 主要包括抗渗性、抗冻性、耐久性、抗碳化、抗碱—骨料反应等方面
C. 抗冻等级是 28d 龄期的混凝土标准试件，在浸水饱和状态下，进行冻融循环试验，以抗压强度损失不超过 20%，同时质量损失不超过 10% 时，所能承受的最大冻融循环次数来确定
D. 当工程所处环境存在侵蚀介质时，对混凝土必须提出耐久性要求

25. 下列不属于平面交叉口的组织形式的是（　　）。

A. 渠化
B. 环形
C. 汇集
D. 自动化

26. 在下图中，"△" 表示（　　）。

A. 冲突点　　　　　　　　　　　　B. 分流点

C. 合流点　　　　　　　　　　　　D. 以上答案均不是

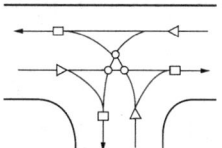

27. 在下图中，①号钢筋的根数是（　　）根。

A. 28　　　　　　　　　　　　　　B. 35

C. 45　　　　　　　　　　　　　　D. 200

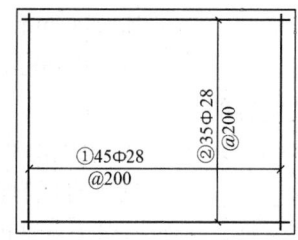

28. 图纸识读时一般情况下不先看（　　）。

A. 设计图纸目录　　　　　　　　　B. 施工组织设计图

C. 总平面图　　　　　　　　　　　D. 施工总说明

29. 跨水域桥梁的调治构筑物应结合（　　）仔细识读。

A. 平面、立面图　　　　　　　　　B. 平面、布置图

C. 平面、剖面图　　　　　　　　　D. 平面、桥位图

30. 市政管道纵断面图布局一般分上下两部分，上方为（　　），下方为（　　）。

A. 纵断图，结构图　　　　　　　　B. 纵断图，平面图

C. 结构图，列表　　　　　　　　　D. 纵断图，列表

31. 真空预压的施工顺序一般为（　　）。

A. 设置竖向排水体→铺设排水垫层→埋设滤管→开挖边沟→铺膜、填沟、安装射流泵等→抽空→抽真空、预压

B. 铺设排水垫层→设置竖向排水体→开挖边沟→埋设滤管→铺膜、填沟、安装射流泵等→抽空→抽真空、预压

C. 铺设排水垫层→设置竖向排水体→埋设滤管→开挖边沟→铺膜、填沟、安装射流泵等→抽空→抽真空、预压

D. 铺设排水垫层→设置竖向排水体→埋设滤管→开挖边沟→抽空→铺膜、填沟、安装射流泵等→抽真空、预压

32. 水泥粉煤灰碎石桩的施工工艺流程为（　　）。

A. 桩位测量→桩机就位→钻进成孔→混凝土浇筑→移机→检测→褥垫层施工

B. 桩机就位→桩位测量→钻进成孔→混凝土浇筑→移机→检测→褥垫层施工

C. 桩位测量→桩机就位→钻进成孔→移机→混凝土浇筑→检测→褥垫层施工

D. 桩机就位→桩位测量→钻进成孔→移机→混凝土浇筑→检测→褥垫层施工

33. 下列不属于现浇混凝土护壁的是（　　　）。

A. 等厚度护壁 　　　　　　　　　　B. 不等厚度护壁

C. 外齿式护壁 　　　　　　　　　　D. 内齿式护壁

34. 级配砂砾基层施工工艺流程为（　　　）。

A. 拌合→运输→摊铺→碾压→养护 　B. 运输→拌合→碾压→摊铺→养护

C. 拌合→运输→碾压→摊铺→养护 　D. 运输→拌合→摊铺→碾压→养护

35. 下列各项中，不属于架桥机的是（　　　）。

A. 单导梁 　　　　　　　　　　　　B. 双导梁

C. 多导梁 　　　　　　　　　　　　D. 斜拉式

36. 不开槽施工方法中，一般情况下，浅埋暗挖法适用于直径（　　　）管道施工。

A. 100～1000mm 　　　　　　　　B. 2000mm 以上

C. 800～3000mm 　　　　　　　　D. 3000mm 以上

37. 以下不属于施工项目管理内容的是（　　　）。

A. 施工项目的生产要素管理 　　　　B. 组织协调

C. 施工现场的管理 　　　　　　　　D. 项目的规划设计

38. 进货质量应核验产品出厂三证，下列不属于三证的是（　　　）。

A. 产品合格证 　　　　　　　　　　B. 产品说明书

C. 产品成分报告单 　　　　　　　　D. 产品试验报告单

39. 下列选项中，不属于施工项目管理组织的内容的是（　　　）。

A. 组织系统的设计与建立 　　　　　B. 组织沟通

C. 组织运行 　　　　　　　　　　　D. 组织调整

40. 合力的大小和方向与分力绘制的顺序的关系是（　　　）。

A. 大小与顺序有关，方向与顺序无关 　B. 大小与顺序无关，方向与顺序有关

C. 大小和方向都与顺序有关 　　　　D. 大小和方向都与顺序无关

41. 可以限制于销钉平面内任意方向的移动，而不能限制构件绕销钉的转动的支座是（　　　）。

A. 可动铰支座 　　　　　　　　　　B. 固定铰支座

C. 固定端支座 　　　　　　　　　　D. 滑动铰支座

42. 下列说法正确的是（　　　）。

A. 柔体约束的反力方向为通过接触点，沿柔体中心线且指向物体

B. 光滑接触面约束反力的方向通过接触点，沿接触面且沿背离物体的方向

C. 圆柱铰链的约束反力是垂直于轴线并通过销钉中心

D. 链杆约束的反力是沿链杆的中心线，垂直于接触面

43. 下列关于应力与应变的关系，哪一项是正确的（　　　）。

A. 杆件的纵向变形总是与轴力及杆长成正比，与横截面面积成反比

B. 由胡克定律可知，在弹性范围内，应力与应变成反比

C. 实际剪切变形中，假设剪切面上的切应力是均匀分布的

D. W_P 指抗扭截面系数，I_P 称为截面对圆心的极惯性矩

44. 下列哪项不属于街面设施（　　　）。

A. 照明灯柱　　　　　　　　　　　　B. 架空电线杆

C. 消火栓　　　　　　　　　　　　　D. 道口花坛

45. 以集散交通的功能为主，兼有服务功能的是（　　）。

A. 快速路　　　　　　　　　　　　　B. 次干路

C. 支路　　　　　　　　　　　　　　D. 主干路

46. 适用于机动车交通量大，车速高，非机动车多的快速路、次干路的是（　　）。

A. 单幅路　　　　　　　　　　　　　B. 三幅路

C. 双幅路　　　　　　　　　　　　　D. 四幅路

47. 山丘城市的道路选线通常采用哪种路网方式（　　）。

A. 方格网式　　　　　　　　　　　　B. 环形放射式

C. 自由式　　　　　　　　　　　　　D. 混合式

48. 行车荷载和自然因素对路面的作用会随着路面深度的增大而（　　），材料的强度、刚度和稳定性随着路面深度增大而（　　）。

A. 减弱，减弱　　　　　　　　　　　B. 减弱，增强

C. 增强，减弱　　　　　　　　　　　D. 增强，增强

49. 缘石平算式雨水口适用于（　　）。

A. 有缘石的道路　　　　　　　　　　B. 无缘石的路面

C. 无缘石的广场　　　　　　　　　　D. 地面低洼聚水处

50. 将桥梁自重以及桥梁上作用的各种荷载传递和扩散给地基的结构是（　　）。

A. 支座　　　　　　　　　　　　　　B. 桥台

C. 基础　　　　　　　　　　　　　　D. 桥墩

51. 下列属于偶然作用的是（　　）。

A. 预加应力　　　　　　　　　　　　B. 汽车荷载

C. 地震作用　　　　　　　　　　　　D. 风荷载

52. 采用顶推法施工时，梁高为（　　）。

A. $(1/15\sim1/25)L$　　　　　　　B. $(1/12\sim1/16)L$

C. $(1/25\sim1/35)L$　　　　　　　D. $(1/30\sim1/40)L$

53. 下列不属于柔性管道失效由变形造成的有：（　　）。

A. 钢管　　　　　　　　　　　　　　B. 钢筋混凝土管

C. 化学建材管　　　　　　　　　　　D. 柔型接口的球墨铸铁铁管道

54. 当管底地基土质松软、承载力低或铺设大管径的钢筋混凝土管道时，应采用（　　）。

A. 天然基础　　　　　　　　　　　　B. 砂垫层基础

C. 混凝土基础　　　　　　　　　　　D. 沉井基础

55. 高压和中压 A 燃气管道，应采用（　　）。

A. 钢管　　　　　　　　　　　　　　B. 钢管或机械接口铸铁管

C. 机械接口铸铁管　　　　　　　　　D. 聚乙烯管材

56. 供热管道上的阀门，起流量调节作用的阀门是（　　）。

A. 截止阀　　　　B. 闸阀　　　　C. 蝶阀　　　　D. 单向阀

57. 管道沟槽的深度按基础的形式和埋深分别计算，枕基的计算方法是（　　）。

A. 原地面高程减设计管道基础底面高程

B. 原地面高程减设计管道基础底面高程加管壁厚度

C. 原地面高程减设计管道基础底面高程加垫层厚度

D. 原地面高程减设计管道基础底面高程减管壁厚度

58. 使用国有资金投资的建设工程发承包，必须采用（　　）计价。

A. 施工定额　　　　　　　　　　B. 预算定额

C. 概算定额　　　　　　　　　　D. 工程量清单

59. （　　）是建立国家大地控制网的一种方法，也是工程测量中建立控制点的常用方法。

A. 角度测量　　　　　　　　　　B. 水准测量

C. 导线测量　　　　　　　　　　D. 施工测量

60. 根据两个或两个以上的已知角度的方向交会出的平面位置，称为（　　）。

A. 直角坐标法　　　　　　　　　B. 极坐标法

C. 角度交会法　　　　　　　　　D. 距离交会法

三、多选题（共 20 题，每题 2 分，选错项不得分，选不全得 1 分）

61. 在进行生产安全事故报告和调查处理时，必须坚持"四不放过"的原则，包括（　　）。

A. 事故原因不清楚不放过　　　　B. 事故责任者和群众没有受到教育不放过

C. 事故单位未处理不放过　　　　D. 事故责任者没有受到处理不放过

E. 没有制定防范措施不放过

62. 国务院《生产安全事故报告和调查处理条例》规定，事故一般分为以下等级（　　）。

A. 特别重大事故　　B. 重大事故　　　C. 大事故　　　　D. 一般事故

E. 较大事故

63. 钢材的工艺性能主要包括（　　）。

A. 屈服强度　　　B. 冷弯性能　　　　C. 焊接性能　　　　D. 冷拉性能

E. 抗拉强度

64. 下列关于防水卷材的相关说法中，正确的是（　　）。

A. 在一定的温度范围之内，当温度升高，黏滞性随之升高

B. 当石油沥青中胶质含量较多且其他组分含量又适当时，则塑性较大

C. 软化点越高，表明沥青的耐热性越差

D. 当沥青中含有较多石蜡时，其抗低温能力就较差

E. 针入度、延度、软化点是沥青的"三大指标"

65. 下列关于桥梁构件结构图说法错误的是（　　）。

A. 基础结构图主要表示出桩基形式，尺寸及配筋情况

B. 桥台结构图只能表达出桥台内部结构的形状、尺寸和材料

C. 主梁是桥梁的下部结构是桥体主要受力构件

D. 桥面系结构图的作用是表示桥面铺装的各层结构组成和位置关系

E. 承台结构图只能表达钢筋结构图表达桥台的配筋、混凝土及钢筋用量情况

66. 下列不属于道路纵断面图的绘制步骤与方法的是（　　）。

A. 选定适当的比例，绘制表格及高程坐标，列出工程需要的各项内容

B. 绘制原地面标高线

C. 绘制地形图

D. 绘制路面线、路肩线、边坡线、护坡线

E. 绘制设计路面标高线

67. 下列关于刚性扩大基础施工要点的说法中，表述正确的是（　　）。

A. 基础砌筑前要清理地基，不得留有浮泥等杂物

B. 开始砌筑时，第一层块石应先坐浆，先砌中间部分再砌四周石部分

C. 面石砌筑时，上下二层的石块要错缝，同一层面石要按一顺一丁或一丁二顺砌筑

D. 混凝土基础施工前一般应先在基坑底部先铺筑一层混凝土垫层，以保护地基

E. 混凝土自高处倾落时，其自由倾落高度不宜超过 5m

68. 下列关于水泥粉煤灰碎石桩的说法中，表述正确的是（　　）。

A. 在浅水区埋设护筒时，应采用机械振动或加压等方式，并与钻机平台的基桩临时固定，防止移位

B. 泥浆护壁黏土自然风干后手握成团，落地开花

C. 正循环回转钻孔其特点是钻进与排渣同时连续进行，在适用的土层中钻进速度较快，但施工占地较多，且机具设备较复杂

D. 分段钢筋笼安装时，应在孔口设操作平台，将分段钢筋笼进行连接，连接方式可采用机械连接或焊接

E. 水下混凝土初凝时间不宜小于 2.5h，水泥强度等级不宜低于 42.5 级

69. 下列各项中，不属于施工项目管理的内容的是（　　）。

A. 建立施工项目管理组织　　　　　B. 编制《施工项目管理目标责任书》

C. 施工项目的生产要素管理　　　　D. 施工项目的施工情况的评估

E. 施工项目的信息管理

70. 下列各项中，属于项目管理组织职能的是（　　）。

A. 组织设计　　　　　　　　　　　B. 组织联系

C. 组织运行　　　　　　　　　　　D. 组织行为

E. 组织调整

71. 一个力 F 沿直角坐标轴方向分解，得出分力 F_X，F_Y，假设 F 与 X 轴之间的夹角为 α，则下列公式正确的是：（　　）。

A. $F_X = F\sin\alpha$　　　　　　　B. $F_X = F\cos\alpha$

C. $F_Y = F\sin\alpha$　　　　　　　D. $F_Y = F\cos\alpha$

E. 以上都不对

72. 研究平面汇交力系的方法有：（　　）。

A. 平行四边形法则　　　　　　　　B. 三角形法

C. 几何法　　　　　　　　　　　　D. 解析法

E. 二力平衡法

73. 道路两侧不宜设置吸引大量车流、人流的公共建筑出入口的是（　　）。

A. 快速路
B. 主干路
C. 次干路
D. 支路
E. 街坊路

74. 城市道路网布局形式主要有（　　）。

A. 方格网状
B. 环形放射状
C. 自由式
D. 井字式
E. 混合式

75. 道路纵断面设计中，下列正确的是（　　）。

A. 纵坡坡度设计值为 2%
B. 纵坡坡度设计值为 3%
C. 覆土深度设计值为 0.6m
D. 覆土深度设计值为 0.8m
E. 最大纵坡一般不大于 2.5%

76. 下列哪些说法正确（　　）。

A. 当路面结构破损较为严重或承载能力不能满足未来交通需求时，应采用加铺结构层补强

B. 当路面结构破损严重，或纵、横坡需作较大调整时，宜采用新建路面

C. 当路面平整度不佳，宜采用稀浆封层、薄层加铺等措施

D. 旧沥青混凝土路面的加铺层不能采用沥青混合料

E. 当旧沥青混凝土路面的断板率较低、接缝传荷能力良好，且路面纵、横坡基本符合要求时，可选用直接式水泥混凝土加铺层

77. 按执行范围或按主编单位分类，可分为（　　）。

A. 全国统一定额
B. 地区定额
C. 地区施工定额
D. 企业施工定额
E. 企业定额

78. 下列关于沟槽底宽计算方法正确的是（　　）。

A. 排水管道底宽按其管道基础宽度加两侧工作面宽度计算

B. 给水燃气管道沟槽底宽按其管道基础宽度加两侧工作面宽度计算

C. 给水燃气管道沟槽底宽按管道外径加两侧工作面宽度计算

D. 支挡土板沟槽底宽除按规定计算外，每边另加 0.1m

E. 支挡土板沟槽底宽除按规定计算外，每边另减 0.1m

79. 经纬仪按读数设备可分为：（　　）。

A. 精密经纬仪
B. 光学经纬仪
C. 游标经纬仪
D. 方向经纬仪
E. 复测经纬仪

80. 施工前的测量工作包括（　　）。

A. 恢复中线
B. 测设施工控制桩
C. 加密施工水准点
D. 槽口放线
E. 高程和坡度测设

施工员（市政方向）通用与基础知识试卷答案与解析

一、判断题（共20题，每题1分）

1. 正确

【解析】《建筑法》的立法目的在于加强对建筑活动的监督管理，维护建筑市场秩序，保证建筑工程的质量和安全，促进建筑业健康发展。

2. 错误

【解析】房屋建筑工程施工总承包二级企业可以承包工程范围如下：可承担下列建筑工程的施工：高度200m及以下的工业、民用建筑工程；高度120m及以下的构筑物工程；建筑面积4万 m^2 及以下的单体工业、民用建筑工程；单跨跨度39m及以下的建筑工程。

3. 正确

【解析】水泥是混凝土组成材料中最重要的材料，也是成本支出最多的材料，更是影响混凝土强度、耐久性最重要的影响因素。

4. 错误

【解析】通常在较炎热地区首先要求沥青有较高的黏度，以保证混合料具有较高的力学强度和稳定性；在低气温地区可选择较低黏稠度的沥青，以便冬季低温时有较好的变性能力，防止路面低温开裂。

5. 错误

【解析】根据不同的地形地貌特点，地形图采用不同的比例。一般常采用的比例为1：1000。由于城市规划图的比例通常为1：500，所以道路平面图图示比例多为1：5000。

6. 正确

【解析】管道纵断面图包括开槽施工图和不开槽施工图。

7. 正确

【解析】注浆加固法适用于砂土、粉土、黏性土和一般填土层。

8. 错误

【解析】对软石和强风化岩石一般采用机械开挖；凡不能使用机械或人工开挖，可采用爆破法开挖。

9. 正确

【解析】热拌沥青混合料（HMA）适用于各种等级道路的沥青路面，其种类按集料公称最大粒径、矿料级配、孔隙率划分，通常分为普通沥青混合料和改性沥青混合料。

10. 错误

【解析】施工项目的生产要素是施工项目目标得以实现的保证，主要包括：劳动力、材料、设备、技术和资金（即5M）。

11. 错误

【解析】由力的平行四边形法则可知：两个共点力可以合成一个合力，结果是唯一的；一个力也可以分解为两个分力，却有无数的答案。因为以一个力的线段为对角线，可以做出无数个平行四边形。

12. 错误

【解析】刚度是指结构或构件抵抗变形的能力，强度是指结构或构件抵抗破坏的能力。

13. 正确

【解析】路基边坡坡度对路基稳定起着重要的作用，m 值越大，边坡越缓，稳定性越好。

14. 错误

【解析】钢筋混凝土空心板桥适用跨径为 $8.0 \sim 13.0$m。

15. 错误

【解析】市政工程定额的分部工程、分项工程划分应依据行业统一定额或地方定额视建设项目具体条件进行确定。

16. 正确

【解析】工程量清单是载明建设工程分部分项工程、措施项目、其他项目的名称和相应数量以及规费、税金项目等内容的明细清单。

17. 正确

【解析】控制面板是对 Windows 进行管理控制的中心。

18. 正确

【解析】管理软件既可以将集团、企业、分子公司、项目部等多个层次的主体集中于一个协同的管理平台上，也可以应用于单项、多项目组合管理，达到两级管理、三级管理、多级管理多种模式。

19. 错误

【解析】测量上常用视线与铅垂线的夹角表示，称为天顶距，没有负值。

20. 错误

【解析】桥墩中心线在桥轴线方向上方位置中误差不应大于±15mm。

二、单选题（共 40 题，每题 1 分）

21. C

【解析】建设法规是指国家立法机关或其授权的行政机关制定的旨在调整国家及其有关机构、企事业单位、社会团体、公民之间，在建设活动中或建设行政管理活动中发生的各种社会关系的法律、法规的统称。

22. D

【解析】市政公用工程施工总承包一级企业可以承包工程范围如下：可承担下列市政公用工程的施工：1）各类城市道路；单跨 45m 及以下的城市桥梁；2）15 万 t/d 及以下的供水工程；10 万 t/d 及以下的污水处理工程；2 万 t/d 及以下的给水泵站、15 万 t/d 及以下的污水泵站、雨水泵站；各类给水排水及中水管道工程；3）中压以下燃气管道、调压站；供热面积 150 万 m^2 及以下热力工程和各类热力管道工程；4）各类城市生活垃圾处理工程；5）断面 25m^2 及以下隧道工程和地下交通工程；6）各类城市广场、地面停车场硬质铺装；7）单项合同额 4000 万元及以下的市政综合工程。

23. A

【解析】为了避免由于温度应力引起水泥石的开裂，在大体积混凝土工程中，不宜采用硅酸盐水泥，而应采用水化热低的水泥如中热水泥、低热矿渣水泥等，水化热的数值可根据国家标准规定的方法测定。

24. B

【解析】混凝土的耐久性主要包括抗渗性、抗冻性、耐久性、抗碳化、抗碱—骨料反应等方面。抗渗等级是以28d龄期的标准试件，用标准试验方法进行试验，以每组6个试件，4个试件未出现渗水时，所能承受的最大静水压来确定。抗冻等级是28d龄期的混凝土标准试件，在浸水饱和状态下，进行冻融循环试验，以抗压强度损失不超过25%，同时质量损失不超过5%时，所能承受的最大冻融循环次数来确定。当工程所处环境存在侵蚀介质时，对混凝土必须提出耐蚀性要求。

25. C

【解析】平面交叉口组织形式分为渠化、环形和自动化交通组织等。

26. B

【解析】在平面交叉口处不同方向的行车往往相互干扰影响，行车路线往往在某些点位置相交、分叉或是汇集，专业上将这些点称为冲突点、分流点和合流点。

27. C

【解析】标注钢筋的根数、直径和等级。如3φ20，3：表示钢筋的根数；φ：表示钢筋等级，直径符号；20：表示钢筋直径。

28. B

【解析】一般情况下，应先看设计图纸目录、总平面图和施工总说明，以便把握整个工程项目的概况。

29. D

【解析】附属构筑物首先应据平面、立面图示，结合构筑物细部图进行识读，跨水域桥梁的调治构筑物也应结合平面图、桥位图仔细识读。

30. D

【解析】市政管道纵断面图布局一般分上下两部分，上方为纵断图，下方列表，标注管线井室的桩号、高程等信息。

31. C

【解析】真空预压的施工顺序一般为：铺设排水垫层→设置竖向排水体→埋设滤管→开挖边沟→铺膜、填沟、安装射流泵等→抽空→抽真空、预压。

32. A

【解析】水泥粉煤灰碎石桩的一般施工工艺流程为：桩位测量→桩机就位→钻进成孔→混凝土浇筑→移机→检测→褥垫层施工。

33. B

【解析】护壁有多种形式，常用的是现浇混凝土护壁：1）等厚护壁，2）外齿式护壁，3）内齿式护壁。

34. A

【解析】级配砂砾（碎石、碎砾石）基层施工工艺流程为：拌合→运输→摊铺→碾压→养护。

35. C

【解析】按结构形式的不同，架桥机又分为单导梁、双导梁、斜拉式和悬吊式等等。

36. B

【解析】不开槽施工方法中，一般情况下，浅埋暗挖法适用于直径 2000mm 以上管道施工。

37. D

【解析】施工项目管理包括以下六方面内容：建立施工项目管理组织、制定施工项目管理规划、进行施工项目的目标控制、对施工项目的生产要素进行优化配置和动态管理、施工项目的合同管理、施工项目的信息管理等。

38. C

【解析】膨润土进货质量应核验产品出厂三证（产品合格证、产品说明书、产品试验报告单）。

39. B

【解析】施工项目管理组织，是指为进行施工项目管理、实现组织职能而进行组织系统的设计与建立、组织运行和组织调整三个方面。

40. D

【解析】用力的平行四边形法则画图，合力的大小和方向与分力绘制的顺序无关。

41. B

【解析】可以限制于销钉平面内任意方向的移动，而不能限制构件绕销钉的转动的支座是固定铰支座。

42. C

【解析】柔体约束的反力方向为通过接触点，沿柔体中心线且背离物体。光滑接触面约束只能阻碍物体沿接触表面公法线并指向物体的运动。圆柱铰链的约束反力是垂直于轴线并通过销钉中心，方向未定。链杆约束的反力是沿链杆的中心线，而指向未定。

43. D

【解析】在弹性范围内杆件的纵向变形总是与轴力及杆长成正比，与横截面面积成反比。由胡克定律可知，在弹性范围内，应力与应变成正比。I_P 指极惯性矩，W_P 称为截面对圆心的抗扭截面系数。

44. D

【解析】街面设施：微城市公共事业服务的照明灯柱、架空电线杆、消火栓、邮政信箱、清洁箱等。

45. B

【解析】次干路与主干路结合组成城市干路网，是城市中数量较多的一般交通道路，以集散交通的功能为主，兼有服务功能。

46. D

【解析】城镇道路按道路的断面形式可分为四类和特殊形式，这四类为：单幅路、双幅路、三幅路、四幅路。四幅路适用于机动车交通量大，车速高，非机动车多的快速路、次干路。

47. C

【解析】自由式道路系统多以结合地形为主，路线布置依据城市地形起伏而无一定的几何图形。我国山丘城市的道路选线通常沿山或河岸布设。

48. A

【解析】路面结构层所选材料应该满足强度、稳定性和耐久性的要求，由于行车荷载和自然因素对路面的作用，随着路面深度的增大而逐渐减弱，因而对路面材料的强度、刚度和稳定性的要求随着路面深度增大而逐渐减弱。

49. A

【解析】缘石平算式雨水口适用于有缘石的道路。

50. C

【解析】桥梁的自重以及桥梁上作用的各种荷载都要通过地基传递和扩散给地基。

51. C

【解析】桥梁设计采用的作用可分为永久作用、偶然作用和可变作用三类，具体如表 7-2 所示。

52. B

【解析】采用顶推法施工时，梁高宜较大些，$h=(1/12\sim1/16)L$。

53. B

【解析】管道失效由管壁强度控制：如钢筋混凝土管、预应力混凝土管等。由变形造成，而不是管壁的破坏：如钢管、化学建材管和柔性接口的球墨铸铁管。

54. C

【解析】当管底地基土质松软、承载力低或铺设大管径的钢筋混凝土管道时，应采用混凝土基础。

55. A

【解析】高压和中压 A 燃气管道，应采用钢管；中压 B 或低压燃气管道，宜采用钢管或机械接口铸铁管。

56. C

【解析】供热管道上的阀门通常有三种类型，一是起开启或关闭作用的阀门，如截止阀、闸阀；二是起流量调节作用的阀门，如蝶阀；三是起特殊作用的阀门，如单向阀、安全阀等。

57. B

【解析】管道沟槽的深度按基础的形式和埋深分别计算，带基按枕基的计算方法是原地面高程减设计管道基础底面高程，设计有垫层的，还应加上垫层的厚度；枕基按原地面高程减设计管道基础底面高程加管壁厚度。

58. D

【解析】使用国有资金投资的建设工程发承包，必须采用工程量清单计价。

59. C

【解析】导线测量是建立国家大地控制网的一种方法，也是工程测量中建立控制点的常用方法。

60. C

【解析】根据两个或两个以上的已知角度的方向交会出的平面位置，称为角度交会法。

三、多选题（共20题，每题2分，选错项不得分，选不全得1分）

61. ABD

【解析】事故处理必须遵循一定的程序，坚持"四不放过"原则，即事故原因分析不清不放过；事故责任者和群众没有受到教育不放过；事故隐患不整改不放过；事故的责任者没有受到处理不放过。

62. ABDE

【解析】国务院《生产安全事故报告和调查处理条例》规定：根据生产安全事故造成的人员伤亡或者直接经济损失，事故一般分为以下等级：1）特别重大事故，是指造成30人及以上死亡，或者100人及以上重伤（包括急性工业中毒，下同），或者1亿元及以上直接经济损失的事故；2）重大事故，是指造成10人及以上30人以下死亡，或者50人及以上100人以下重伤，或者5000万元及以上1亿元以下直接经济损失的事故；3）较大事故，是指造成3人及以上10人以下死亡，或者10人及以上50人以下重伤，或者1000万元及以上5000万元以下直接经济损失的事故；4）一般事故，是指造成3人以下死亡，或者10人以下重伤，或者1000万元以下直接经济损失的事故。

63. BCD

【解析】钢材的工艺性能主要包括冷弯性能、焊接性能、冷拉性能、冷拔性能等。

64. BDE

【解析】在一定的温度范围之内，当温度升高，黏滞性随之降低，反之则增大。当石油沥青中胶质含量较多且其他组分含量又适当时，则塑性较大；温度升高，则延度较大；沥青膜层愈厚，则塑性愈高。反之，膜层愈薄，则塑性越差，当膜层薄至$1\mu m$时，塑性近于消失，即接近于弹性。低温脆性主要取决于沥青组分，当树脂含量较多、树脂成分的低温柔性较好时，其抵抗低温能力就较强；当沥青中含有较多石蜡时，其抗低温能力就较差。软化点越高，表明沥青的耐热性越好，即温度稳定性越好。以上论及的针入度、延度、软化点是评价黏稠沥青路用性能最常用的经验指标，也是划分沥青牌号的主要依据。所以统称为沥青的"三大指标"。

65. BCE

【解析】基础结构图主要表示出桩基形式，尺寸及配筋情况。桥（承）台结构图表达出桥台内部结构的形状、尺寸和材料；同时通过钢筋结构图表达桥台的配筋、混凝土及钢筋用量情况。主梁是桥梁的上部结构，架设在墩台、盖梁之上，是桥体主要受力构件。桥面系结构图的作用是表示桥面铺装的各层结构组成和位置关系，桥面坡向，桥面排水、伸缩装置、栏杆、缘石及人行道等相互位置关系。

66. CD

【解析】1）选定适当的比例，绘制表格及高程坐标，列出工程需要的各项内容。2）绘制原地面标高线。根据测量结果，用细直线连接各桩号位置的原地面高程点。3）绘制设计路面标高线。依据设计纵坡及各桩号位置的路面设计高程点，绘制出设计路面标高线。4）标注水准点位置、编号及高程。注明沿线构筑物的编号、类型等数据，竖曲线的图例等数据。5）同时注写图名、图标、比例及图纸编号。特别注意路线的起止桩号，以确保多张路线纵断面的衔接。

67. ACD

【解析】 基础砌筑前要清理地基，不得留有浮泥等杂物。开始砌筑时，第一层块石应先坐浆，先砌四周石部分再填砌中间填心部分。面石砌筑时，上下二层的石块要错缝，同一层面石要按一顺一丁或一丁二顺砌筑。混凝土基础施工前一般应先在基坑底部先铺筑一层混凝土垫层，以保护地基。混凝土自高处倾落时，其自由倾落高度不宜超过 2m。

68. CDE

【解析】 在深水区埋设护筒时，应采用机械振动或加压等方式，但应有导向装置，导向架应有一定的长度和刚度，并与钻机平台的基桩临时固定，防止移位。泥浆护壁黏土自然风干后不易用手掰开、捏碎。正循环回转钻孔其特点是钻进与排渣同时连续进行，在适用的土层中钻进速度较快，但需设置泥浆槽、沉淀池等，施工占地较多，且机具设备较复杂。分段钢筋笼安装时，应在孔口设操作平台，将分段钢筋笼进行连接，连接方式可采用机械连接或焊接。水下混凝土初凝时间不宜小于 2.5h，水泥强度等级不宜低于 42.5 级。

69. BD

【解析】 施工项目管理包括以下六方面内容：建立施工项目管理组织、制定施工项目管理规划、进行施工项目的目标控制、对施工项目的生产要素进行优化配置和动态管理、施工项目的合同管理、施工项目的信息管理等。

70. ABCDE

【解析】 施工项目管理组织职能包括五个方面内容：1）组织设计；2）组织联系；3）组织运行；4）组织行为；5）组织调整。

71. BC

【解析】 一个力 F 沿直角坐标轴方向分解，得出分力 F_X，F_Y，假设 F 与 X 轴之间的夹角为 α，则 $F_X = F\cos\alpha$、$F_Y = F\sin\alpha$。

72. ABCD

【解析】 平面汇交力系的方法有几何法和解析法，其中几何法包括平行四边形法则和三角形法。

73. AB

【解析】 快速路和主干路两侧不宜设置吸引大量车流、人流的公共建筑出入口。

74. ABCE

【解析】 城市道路网布局形式主要分为方格网状、环形放射状、自由式和混合式四种形式。

75. ADE

【解析】 一般来说，考虑到自行车和其他非机动车的爬坡能力，最大纵坡一般不大于 2.5%，最小纵坡应满足纵向排水的要求，一般应不小于 0.3%～0.5%，道路纵断面设计的标高应保持管线的最小覆土深度，管顶最小覆土深度一般不小于 0.7m。

76. ABCE

【解析】 当路面平整度不佳，抗滑能力不足，但路面结构强度足够，结构损坏轻微时，沥青路面宜采用稀浆封层、薄层加铺等措施；当路面结构破损较为严重或承载能力不能满足未来交通需求时，应采用加铺结构层补强；当路面结构破损严重，或纵、横坡需作较大调整时，宜采用新建路面；旧沥青混凝土路面的加铺层宜采用沥青混合料；当旧沥青混凝土路面的断板率较低、接缝传荷能力良好，且路面纵、横坡基本符合要求时，可选用直接式水泥混凝土加铺层。

77. ABD

【解析】按执行范围或按主编单位分类，可分为全国统一定额、地区定额、企业施工定额。

78. ACD

【解析】排水管道底宽按其管道基础宽度加两侧工作面宽度计算；给水燃气管道沟槽底宽按管道外径加两侧工作面宽度计算；支挡土板沟槽底宽除按规定计算外，每边另加 0.1m。

79. BC

【解析】按精度分为精密经纬仪和普通经纬仪，按读数设备可分为光学经纬仪和游标经纬仪；按轴系构造可分为复测经纬仪和方向经纬仪。

80. ABC

【解析】施工前的测量工作包括：恢复中线、测设施工控制桩、加密施工水准点。

下篇 岗位知识与专业技能

第一章 常用施工机械

一、判断题

1. 小型铲运机是指铲斗容积在 3m³ 以下的铲运机。

【答案】正确

【解析】铲斗容积在 3m³ 以下的铲运机为小型铲运机。

2. 铲运机操作灵活，施工效率高，但需要专门设置道路。

【答案】错误

【解析】铲运机操作灵活，不受地形限制，不需设置道路，施工效率高。

3. 铲运机适用于道路工程大规模路基施工。

【答案】正确

【解析】在道路工程大规模路基施工时，铲运机可以依次连续完成铲土、装土、运土、铺卸和整平等五个工序。

4. 挖掘机是一种能综合完成挖土、运土、卸土、填筑、整平的土方机械。

【答案】错误

【解析】挖掘机是用来进行土、石方开挖的一种工程机械。

5. 挖掘机更换工作装置后还可以进行起重、浇筑、安装、打桩、夯土和拔桩等工作。

【答案】正确

【解析】挖掘机可以用来进行开挖基坑和沟槽、挖土和取土等；更换工作装置后还可以进行起重、浇筑、安装、打桩、夯土和拔桩等工作。

6. 轮胎式摊铺机可在较软的路基上进行摊铺作业。

【答案】错误

【解析】履带式摊铺机可在较软的路基上进行摊铺作业。

7. 履带式摊铺机对路基的平整度不太敏感，能有效地保证摊铺平整度。

【答案】正确

【解析】履带式摊铺机的优点有：可在较软的路基上进行摊铺作业；对路基的平整度不太敏感，即使有些凹坑也不影响其摊铺质量，能有效地保证摊铺平整度。

8. 对于单轮驱动的压路机，驱动轮分配的质量较大时能保证压路机有足够的附着力和制动力矩。

【答案】正确

【解析】对于单轮驱动的压路机，驱动轮分配的质量较大时能保证压路机有足够的附着力和制动力矩。

9. 路面压实作业应采取振动轮的宽度和直径都较大的振动压路机。

【答案】正确

【解析】路面压实作业，应采取振动轮的宽度和直径都较大的振动压路机。

10. 基础压实作业，应采取振动轮的宽度和直径都适中的振动压路机。

【答案】错误

【解析】基础压实作业，振动轮的宽度和直径应选取最小的数值。

11. 旋挖钻机可以满足各类大型基桩和基坑围护桩施工的要求。

【答案】正确

【解析】旋挖钻机可以满足各类大型基桩和基坑围护桩施工的要求。

12. 长螺旋钻机在连续墙等地基基础施工中应用最多。

【答案】错误

【解析】长螺旋钻机在灌注桩的成孔作业中应用最多。

13. 市政工程使用的水泥混凝土搅拌设备多为强制式，因为强制式搅拌设备对骨料粒径基本没有要求。

【答案】错误

【解析】市政工程使用的水泥混凝土搅拌设备多为强制式，强制式搅拌设备对骨料粒径有一定的要求。

14. 混凝土搅拌运输车是为了保证混凝土的和易性。

【答案】正确

【解析】混凝土搅拌运输车可以使混凝土不断地受到搅动，防止产生分泌离析现象，因而能够保证混凝土的和易性。

15. 汽车起重机最大的特点是机动性能好，转移方便，但是操作工人的劳动强度比较大。

【答案】错误

【解析】汽车起重机最大的特点是机动性能好，转移方便，支腿及起重臂都采用液压式，可以大大地减轻操作工人的劳动强度。

16. 履带式起重机的行驶驾驶室与起重操纵室合二为一，与汽车起重机不同。

【答案】正确

【解析】履带式起重机的行驶驾驶室与起重操纵室合二为一，汽车起重机的行驶与起重作业的操作室分开设置。

17. 塔吊拆装时，风力达到五级以上不得进行顶升作业。

【答案】错误

【解析】塔吊拆装时，风力达到四级以上不得进行顶升作业。

18. 现场无降水条件时，宜采用土压平衡或泥水平衡顶管机施工。

【答案】正确

【解析】现场无降水条件时，宜采用土压平衡或泥水平衡顶管机施工。

19. 土压式盾构机只适于可用切削刀开挖且含砂量小的塑性流动性软黏土。

【答案】正确

【解析】土压式盾构机只适于可用切削刀开挖且含砂量小的塑性流动性软黏土。

20. 挤压式盾构由于不出土或只部分出土，对地层的扰动较小。

【答案】错误

【解析】挤压式盾构由于不出土或只部分出土，对地层有较大的扰动。

二、单选题

1. 推土机主要用于（ ）m距离的推运土方、石渣等作业。

A. 50～100   B. 100～500

C. 500～1000   D. 1000～2500

【答案】A

【解析】推土机主要用于50～100m短距离推运土方、石渣等作业。

2. 当在施工条件较差的地带作业时，应选用（ ）推土机。

A. 履带式   B. 轮胎式

C. 专用型   D. 通用型

【答案】A

【解析】履带式推土机适用于条件较差的地带作业。

3. 适用于大功率推土机进行大型土方作业的是（ ）推土机。

A. 专用型   B. 全液压传动

C. 机械传动   D. 液力机械传动

【答案】B

【解析】适用于大功率推土机进行大型土方作业的是全液压传动推土机。

4. 湿地或沼泽地施工作业时应选用（ ）推土机。

A. 直铲式   B. 角铲式

C. 通用型   D. 专用型

【答案】D

【解析】湿地或沼泽地施工作业时应选用专用型推土机。

5. 坚硬土或深度冻土的大型土方工程应采用（ ）推土机。

A. 大型   B. 特大型

C. 通用型   D. 专用型

【答案】A

【解析】坚硬土或深度冻土的大型土方工程应采用大型推土机。

6. 用于大型露天矿或大型水电工程的是（ ）推土机。

A. 大型   B. 特大型

C. 通用型   D. 专用型

【答案】B

【解析】用于大型露天矿或大型水电工程的是特大型推土机。

7. 下列选项中，不属于推土机按传动方式分类的是（ ）。

A. 履带传动式   B. 机械传动式

C. 液力机械传动式   D. 全液压传动式

【答案】A

【解析】推土机按传动方式可以分为机械传动式、液力机械传动式和全液压传动式推土机。

8. 推土机的主要技术性能不包括（　　）。

A. 发动机的额定功率
B. 铲刀体积
C. 最大牵引力
D. 铲刀宽度

【答案】B

【解析】推土机的主要技术性能包括发动机的额定功率、机重、最大牵引力和铲刀的宽度及高度等。

9. 4～14m³ 铲斗容积的是（　　）铲运机。

A. 小型
B. 中型
C. 大型
D. 特大型

【答案】B

【解析】4～14m³ 铲斗容积的是中型铲运机。

10. 铲运机的经济作业距离一般为（　　）m。

A. 50～100
B. 100～500
C. 50～1000
D. 100～2500

【答案】D

【解析】铲运机的经济作业距离一般为 100～2500m。

11. 下列选项中，不属于挖掘机按技术性能分类的是（　　）。

A. 正铲挖掘机
B. 反铲挖掘机
C. 单斗液压反铲挖掘机
D. 拉铲挖掘机

【答案】B

【解析】挖掘机按技术性能可以分为正铲挖掘机、单斗液压反铲挖掘机、拉铲挖掘机和抓铲挖掘机。

12. 可以用于牵引其他机械的机械是（　　）。

A. 推土机
B. 铲运机
C. 挖掘机
D. 装载机

【答案】D

【解析】装载机是施工现场作业效率较高的铲装机械，可用于铲装土、砂石、石灰、路基材料等散装物料，还可用于清理、平整场地、短距离装运物料、牵引和配合运输车辆装卸等作业。

13. 下列选项中，不属于摊铺机按施工能力进行分类的是（　　）。

A. 多功能摊铺机
B. 大型摊铺机
C. 中型摊铺机
D. 小型摊铺机

【答案】A

【解析】按摊铺机施工能力可以将摊铺机分为大型摊铺机、中型摊铺机和小型摊铺机。

14. 下列选项中，不属于摊铺机按用途分类的是（　　）。

A. 沥青混合料摊铺机
B. 多功能摊铺机
C. 基层混合料摊铺机
D. 履带式摊铺机

【答案】D

【解析】摊铺机按用途可以分为沥青混合料摊铺机、多功能摊铺机和基层混合料摊铺机。

15. 下列选项中，不属于履带式摊铺机的优点的是（ ）。

A. 可在较软的路基上进行摊铺作业　　B. 对路基的平整度不太敏感

C. 能有效保证摊铺平整度　　　　　　D. 可自行驶转移工地

【答案】D

【解析】履带式摊铺机的优点有：可在较软的路基上进行摊铺作业；对路基的平整度不太敏感，即使有些凹坑也不影响其摊铺质量，能有效地保证摊铺平整度。

16. 下列选项中，不属于轮胎式摊铺机的优点的是（ ）。

A. 结构简单，造价较低　　　　　　　B. 可自行驶转移工地

C. 机动性和操作性能好　　　　　　　D. 能有效保证摊铺平整度

【答案】D

【解析】轮胎式摊铺机的优点有：可自行转移工地，方便灵活；机动性和操作性能好；结构简单，造价较低。

17. 下列选项中，不属于振动压路机的是（ ）。

A. 组合式振动压路机　　　　　　　　B. 手扶式振动压路机

C. 自行式振动压路机　　　　　　　　D. 拖式振动压路机

【答案】C

【解析】振动压路机可以分为组合式振动压路机、手扶式振动压路机、拖式振动压路机、斜坡振动压实机、沟槽振动压实机等。

18. 下列选项中，不属于压路机的主要技术参数的是（ ）。

A. 工作质量　　　　　　　　　　　　B. 压路机质量的分配

C. 振动频率　　　　　　　　　　　　D. 振动轮质量

【答案】D

【解析】压路机的主要技术参数有：工作质量、压路机质量的分配、线载荷、振动频率、振幅、激振力、振动轮的宽度与直径。

19. 一台优良的振动压路机是不能随意提高其（ ）的。

A. 振动频率　　　　　　　　　　　　B. 振幅

C. 激振力　　　　　　　　　　　　　D. 振动轮的宽度和直径

【答案】C

【解析】一台优良的振动压路机是不能随意提高其激振力的。

20. 基础压实作业，振动轮的宽度和直径应选取（ ）的数值。

A. 较大　　　　　　　　　　　　　　B. 适中

C. 较小　　　　　　　　　　　　　　D. 最小

【答案】D

【解析】基础压实作业，振动轮的宽度和直径应选取最小的数值。

21. 循环钻机不适用于以下哪种介质（ ）。

A. 黏性土　　　　　　　　　　　　　B. 砂类土

C. 卵石土　　　　　　　　　　　　　D. 淤泥质土

【答案】D

【解析】 循环钻机适用于一般的黏性土、砂类土、卵石粒径小于钻杆内径 2/3、含卵石量少于 20% 的卵石土、较软的岩石等。

22. 旋挖钻机不适用于以下哪种介质（　　）。

A. 黏土

B. 粉土

C. 卵石土

D. 淤泥质土

【答案】C

【解析】 旋挖钻机一般适用于黏土、粉土、砂土、淤泥质土、人工回填土及含有部分卵石、碎石地层中等硬度风化岩层。

23. 长螺旋钻机不适用于以下（　　）介质。

A. 黏性土

B. 砂土

C. 碎石类土

D. 粉土

【答案】D

【解析】 长螺旋钻机适用于地下水位以上的黏性土、砂土及人工填土非密实的碎石类土、强风化岩。

24. 冲击钻机不适用于以下（　　）介质。

A. 碎石土

B. 砂土

C. 黏性土

D. 粉土

【答案】D

【解析】 冲击钻机适用于碎石土、砂土、黏性土及风化岩层等。

25. 市政工程使用最多的为（　　）水泥混凝土搅拌设备。

A. 移动式

B. 周期作业式

C. 自落式

D. 强制式

【答案】D

【解析】 市政工程使用最多的为强制式水泥混凝土搅拌设备。

26. 为了更容易地控制配合比及拌合质量，常采用（　　）。

A. 周期性搅拌机

B. 连续式搅拌机

C. 自落式搅拌机

D. 强制式搅拌机

【答案】A

【解析】 周期性搅拌机容易控制配合比及拌合质量，使用广泛。

27. 拌制干硬性混凝土最好采用（　　）。

A. 周期性搅拌机

B. 连续式搅拌机

C. 自落式搅拌机

D. 强制式搅拌机

【答案】D

【解析】 强制式搅拌机最适宜于拌制干硬性混凝土。

28. 搅拌站上使用较多的是（　　）。

A. 自落式搅拌机

B. 固定式搅拌机

C. 移动式搅拌机

D. 强制式搅拌机

【答案】B

【解析】固定式搅拌机多装在搅拌楼或搅拌站上使用。

29. 下列选项中,不属于混凝土振捣器按工作部分的结构特征分类的是(　　)。

A. 锥形振捣器

B. 棒形振捣器

C. 片形振捣器

D. 圆形振捣器

【答案】D

【解析】混凝土振捣器按工作部分的结构特征可以分为锥形振捣器、棒形振捣器、片形振捣器、条形振捣器、平台形振捣器等。

30. 市政工程常用的是(　　)履带起重机。

A. 机械式

B. 液压式

C. 电动式

D. 固定式

【答案】B

【解析】市政工程常用液压式履带起重机。

31. 塔吊式起重机的基本参数中的主要参数是(　　)。

A. 起重力矩

B. 起重量

C. 最大起重量

D. 工作幅度

【答案】A

【解析】塔吊式起重机的基本参数有六项:即起重力矩、起重量、最大起重量、工作幅度、起升高度和轨距,其中起重力矩确定为主要参数。

32. 塔吊拆装时,风力达到(　　)级以上不得进行顶升作业。

A. 三

B. 四

C. 五

D. 六

【答案】B

【解析】塔吊拆装时,风力达到四级以上不得进行顶升作业。

33. 在无载荷情况下,塔身与地面的垂直度偏差不得超过(　　)。

A. 1/1000

B. 2/1000

C. 3/1000

D. 4/1000

【答案】D

【解析】在无载荷情况下,塔身与地面的垂直度偏差不得超过4/1000。

34. 吊具最高和最低工作位置之间的垂直距离称为(　　)。

A. 起升高度

B. 下降深度

C. 起升范围

D. 跨度

【答案】C

【解析】起升范围即吊具最高和最低工作位置之间的垂直距离。

35. 当施工精度要求较高时,应采用的不开槽管道施工方法是(　　)。

A. 密闭式顶管法

B. 盾构法

C. 定向钻法

D. 夯管法

【答案】A

【解析】当施工精度要求较高时,应采用的不开槽管道施工方法是密闭式顶管法。

36. 下列不开槽管道施工方法中,施工速度相对较慢的是(　　)。

A. 密闭式顶管法　　　　　　　　B. 盾构法

C. 定向钻法　　　　　　　　　　D. 夯管法

【答案】A

【解析】盾构法、定向钻法、夯管法的施工速度都较快。

37. 下列不开槽管道施工方法中，不适用于砂卵石及含水地层的是（　　）。

A. 密闭式顶管法　　　　　　　　B. 盾构法

C. 定向钻法　　　　　　　　　　D. 夯管法

【答案】C

【解析】定向钻法不适用于砂卵石及含水地层。

38. 在土质条件较好、地表沉降要求不高、无须降水或有条件将地下水位降至管道外底面以下不小于（　　）m处时，可选用敞口式顶管机。

A. 0.3　　　　　　　　　　　　B. 0.4

C. 0.5　　　　　　　　　　　　D. 0.6

【答案】C

【解析】在土质条件较好、地表沉降要求不高、无须降水或有条件将地下水位降至管道外底面以下不小于0.5m处时，可选用敞口式顶管机。

39. 下列选项中，不属于盾构机按照工作原理分类的是（　　）。

A. 手掘式盾构　　　　　　　　　B. 挤压式盾构

C. 机械式盾构　　　　　　　　　D. 密闭式盾构

【答案】D

【解析】按照工作原理，盾构机一般分为手掘式盾构、挤压式盾构、半机械式盾构、机械式盾构。

40. 夯管法在特定场所有其优越性，适用于（　　）施工。

A. 建筑物密集　　　　　　　　　B. 土质较差

C. 埋深较大的地下管道　　　　　D. 城镇区域下穿较窄道路的地下管道

【答案】D

【解析】夯管法在特定场所有其优越性，适用于城镇区域下穿较窄道路的地下管道施工。

41. 夯管施工时，穿越管线长度宜为（　　）m。

A. 10～70　　　　　　　　　　B. 20～80

C. 10～80　　　　　　　　　　D. 20～70

【答案】B

【解析】夯管施工时，穿越管线长度宜为20～80m。

42. 下列选项中，关于机械设备安全管理，说法错误的是（　　）。

A. 中小型机械设备由施工员会同专业技术管理人员和使用人员共同验收

B. 大型设备、成套设备在项目部自检自查基础上报请企业有关管理部门，组织企业技术负责人和有关部门验收

C. 塔式或门式起重机、电动吊篮、垂直提升架等重点设备应组织监理单位进行验收

D. 机械设备操作和维护人员必须经过专业技术培训，考试合格后取得相应操作证后，持证上岗

【答案】C

【解析】塔式或门式起重机、电动吊篮、垂直提升架等重点设备应组织第三方具有相关资质的单位进行验收。

43. 夯管施工时，穿越管道直径宜为（　　）。

A. $\phi100\sim\phi1600$　　　　　　　　B. $\phi219\sim\phi1600$

C. $\phi100\sim\phi1000$　　　　　　　　D. $\phi219\sim\phi1000$

【答案】B

【解析】夯管施工时，穿越管道直径宜为$\phi219\sim\phi1600$。

三、多选题

1. 推土机按行走装置可以分为（　　）。

A. 履带式　　　　　　　　　　　　B. 轮胎式

C. 专用型　　　　　　　　　　　　D. 通用型

E. 轻型

【答案】AB

【解析】推土机按行走装置可以分为履带式推土机和轮胎式推土机。

2. 推土机按工作装置形式可以分为（　　）。

A. 履带式　　　　　　　　　　　　B. 轮胎式

C. 直铲式　　　　　　　　　　　　D. 角铲式

E. 专用型

【答案】CD

【解析】推土机按工作装置形式可以分为直铲式和角铲式推土机。

3. 推土机按功率等级可以分为（　　）。

A. 超轻型　　　　　　　　　　　　B. 轻型

C. 中型　　　　　　　　　　　　　D. 大型

E. 超大型

【答案】ABCD

【解析】推土机按功率等级可以分为超轻型、轻型、中型、大型和特大型推土机。

4. 装载机是施工现场作业效率较高的铲装机械，可用于（　　）。

A. 产状散装物料　　　　　　　　　B. 平整场地

C. 短距离装运物料　　　　　　　　D. 开挖路堑

E. 牵引

【答案】ABCE

【解析】装载机是施工现场作业效率较高的铲装机械，可用于铲装土、砂石、石灰、路基材料等散装物料，还可用于清理、平整场地、短距离装运物料、牵引和配合运输车辆装卸等作业。

5. 摊铺机按用途可以分为（　　）。

A. 沥青混合料摊铺机　　　　　　　B. 多功能摊铺机

C. 基层混合料摊铺机　　　　　　　D. 履带式摊铺机

E. 轮胎式摊铺机

【答案】ABC

【解析】摊铺机按用途可以分为沥青混合料摊铺机、多功能摊铺机和基层混合料摊铺机。

6. 履带式摊铺机的缺点有（　　）。

A. 不能在较软的路基上进行摊铺作业　　B. 行驶速度低

C. 不能有效保证摊铺平整度　　D. 不能很快地自行转移工地

E. 制造成本较高

【答案】BDE

【解析】履带式摊铺机的缺点有：行驶速度低，不能很快地自行转移工地；对地面较高的凸起点适应能力差；其制造成本较高；行驶阻力大，不适宜长距离行走，转场一般需要拖车运输。

7. 轮胎式摊铺机的缺点有（　　）。

A. 驱动力矩较小

B. 行驶速度低

C. 对路面平整度的敏感性较强

D. 不能很快地自行转移工地

E. 料斗内材料多少的改变将影响后驱动轮胎的变形量

【答案】ACE

【解析】轮胎式摊铺机的缺点有：工作时驱动力矩较小，易于打滑，造成作业驱动力矩不够；对路面平整度的敏感性较强；料斗内材料多少的改变将影响后驱动轮胎的变形量，从而影响铺层的质量等。

8. 循环钻机适用于（　　）。

A. 黏性土　　　　　　　　　　B. 砂类土

C. 粉土　　　　　　　　　　　D. 淤泥质土

E. 人工回填土

【答案】AB

【解析】循环钻机适用于一般的黏性土、砂类土、卵石粒径小于钻杆内径 2/3、含卵石量少于 20％的卵石土、较软的岩石等。

9. 冲击钻机适用于以下（　　）介质。

A. 碎石土　　　　　　　　　　B. 砂土

C. 黏性土　　　　　　　　　　D. 粉土

E. 风化岩层

【答案】ABCE

【解析】冲击钻机适用于碎石土、砂土、黏性土及风化岩层等。

10. 强制式搅拌设备对骨料粒径有一定的要求，可拌制（　　）。

A. 干硬性混凝土　　　　　　　B. 塑性混凝土

C. 半塑性混凝土　　　　　　　D. 砂浆

E. 高强度混凝土

【答案】 ABD

【解析】 强制式搅拌设备对骨料粒径有一定的要求，可拌制干硬性混凝土、塑性混凝土及砂浆。

11. 混凝土振捣器按传递振动方式可以分为（　　）。

A. 内部振动器
B. 外部振动器
C. 平板振动器
D. 平台式振动器
E. 电动振动器

【答案】 ABCD

【解析】 混凝土振捣器按传递振动方式可以分为内部振动器、外部振动器、平板振动器、平台式振动器等四种。

12. 塔吊式起重机的轨距值是根据（　　）确定的。

A. 塔吊的整体稳定性
B. 建筑物尺寸
C. 施工工艺
D. 起重量
E. 经济效果

【答案】 AE

【解析】 轨距值是根据塔吊的整体稳定性和经济效果而定的。

13. 龙门吊起重机的主要技术参数包括（　　）。

A. 起重量
B. 运距
C. 跨度
D. 起升高度
E. 工作速度

【答案】 ACDE

【解析】 龙门吊起重机的主要技术参数包括起重量、跨度、起升高度、工作速度及工作级别等。

14. 市政工程常用的不开槽管道施工设备有（　　）。

A. 顶管机
B. 盾构机
C. 地表式水平定向钻机
D. 夯管机
E. 夯实机

【答案】 ABCD

【解析】 市政工程常用的不开槽管道施工设备有顶管机、盾构机、地表式水平定向钻机、夯管机等。

15. 不开槽施工技术的选择应根据（　　），经技术经济比较后确定。

A. 工程设计要求
B. 项目合同约定
C. 施工技术水平
D. 工程水文地质条件
E. 周围环境和现场条件

【答案】 ABDE

【解析】 不开槽施工技术的选择应根据工程设计要求和项目合同约定、工程水文地质条件、周围环境和现场条件，经技术经济比较后确定。

16. 定向钻施工管道的优点有（　　）。

A. 施工速度快
B. 施工精度高

C. 成本低　　　　　　　　　　　　D. 施工距离长

E. 扰动小

【答案】ABC

【解析】定向钻施工管道具有施工速度快、施工精度高、成本低等优点。

17. 夯管施工不适用于（　　）土质。

A. 岩石　　　　　　　　　　　　　B. 黏土

C. 砾石　　　　　　　　　　　　　D. 砂

E. 粉土

【答案】ACD

【解析】夯管施工适用于岩石、砾石、砂以外的各种土质。

18. 夯管锤的锤击力应根据（　　），经过技术经济比较后确定，并应有一定的安全储备。

A. 管道材质　　　　　　　　　　　B. 管径

C. 钢管力学性能　　　　　　　　　D. 管道长度

E. 工程地质条件

【答案】BCDE

【解析】夯管锤的锤击力应根据管径、钢管力学性能、管道长度、结合工程地质、水文地质和周围环境条件，经过技术经济比较后确定，并应有一定的安全储备。

四、案例题

1. 背景资料：某项目经理部在一项沿溪路的路基土石方施工时，一台 ZL50G 装载机的司机因事突然请假，致使数台大型运土汽车停运，影响了工程进度。施工员就临时指派一名只有汽车驾驶证的洒水车司机，顶替请假没来上班的装载机司机作业。由于技术不熟练和车辆故障，该洒水车司机不幸将装载机连人带车开到 20m 深的河坡下，造成车毁人亡。

（1）判断题

① 有汽车驾驶证的洒水车司机可以驾驶 ZL50G 装载机进行作业。

【答案】错误

【解析】机械设备操作和维护人员必须经过专业技术培训，考试合格后取得相应操作证后，持证上岗。机械设备使用实行定机、定人、定岗位责任的"三定制度"。

（2）单选题

① 装载机发生车辆故障的主要原因是没有进行（　　）。

A. 进场验收　　　　　　　　　　　B. 定期检查

C. 建立档案　　　　　　　　　　　D. 技术培训

【答案】B

【解析】施工过程中，项目部要定期检查和不定期巡回检查，确保机械设备正常运行。

（3）多选题

① 施工员指派洒水车司机顶替装载机司机作业的行为，违反了（　　）规定？

A. 三定制度　　　　　　　　　　　B. 不得违章指挥

C. 不得违章操作 D. 定期检查
E. 工程进度

【答案】ABCD

【解析】机械设备使用实行定机、定人、定岗位责任的"三定制度"。遵照安全操作规程作业，规范操作，任何人不得违章指挥和作业。施工过程中，项目部要定期检查和不定期巡回检查，确保机械设备正常运行。

第二章　项目施工管理

一、判断题

1. 市政工程进场后必须组织现场踏勘与调研，具体工作包括：收集技术资料和施工设计图纸、现场沿线走访调研、对有疑虑的地下管线及构筑物进行核对或坑探。

【答案】正确

【解析】市政工程进场后必须组织现场踏勘与调研，具体工作包括：收集技术资料和施工设计图纸、现场沿线走访调研、对有疑虑的地下管线及构筑物进行核对或坑探。

2. 图纸会审应由项目经理组织有关单位参加。

【答案】错误

【解析】图纸会审应由建设单位组织有关单位参加。

3. 在施工过程中，设计变更要填写设计变更联系单，经监理单位签字同意后，方可进行。

【答案】错误

【解析】在施工过程中，设计变更要填写设计变更联系单，经设计单位和监理单位签字同意后，方可进行。

4. 施工组织总设计是以单位工程或不复杂的单项工程为主要对象编制的施工组织设计。

【答案】错误

【解析】单位工程施工组织设计是以单位工程或不复杂的单项工程为主要对象编制的施工组织设计。

5. 单项工程施工组织设计是以分部分项工程或专项工程为主要对象编制的施工技术与组织方案。

【答案】错误

【解析】施工方案是以分部分项工程或专项工程为主要对象编制的施工技术与组织方案。

6. 劳动力配置计划是根据施工方案和施工进度计划进行编制的。

【答案】正确

【解析】劳动力配置计划是根据施工方案和施工进度计划进行编制的。

7. 施工组织总设计、施工方案与单位工程施工组织设计应依次有序编制。

【答案】错误

【解析】施工组织总设计、单位工程施工组织设计与施工方案应依次有序编制。

8. 重点分项工程、关键工序应制订专项施工方案。

【答案】正确

【解析】重点分项工程、关键工序、季节施工应制订专项施工方案。

9. 选择施工机具和材料时，在同一个工地上施工机具的种类和型号应尽可能多。

【答案】错误

【解析】选择施工机具和材料时，在同一个工地上施工机具的种类和型号应尽可能少。

10. 专项方案经审核合格，应由项目经理签字。

【答案】错误

【解析】专项方案应按有关规定报送审核、论证。经审核合格，由技术负责人签字。

11. 实行施工总承包，专项方案应当由相关专业承包单位技术负责人签章后方可实施。

【答案】错误

【解析】实行施工总承包，专项方案应当由总承包单位技术负责人及相关专业承包单位技术负责人签章后方可实施。

12. 危险性较大的分部分项工程专项施工方案应由施工单位项目经理审核签字。

【答案】错误

【解析】危险性较大的分部分项工程专项施工方案应由施工单位技术负责人审核签字。

13. 施工组织设计、专项方案应由施工项目部技术负责人向项目部施工和技术质量安全管理人员交底。

【答案】正确

【解析】施工组织设计、专项方案应由施工项目部技术负责人向项目部施工和技术质量安全管理人员交底。

14. 施工方案应采用会议形式，并形成会议记录。

【答案】错误

【解析】施工方案可采用会议形式或现场讲授形式，并形成书面记录。

15. 专项方案应采用现场讲授形式，形成书面记录。

【答案】错误

【解析】专项方案应采用书面形式和现场讲授形式，形成书面记录。

16. 项目部应制订工程测量复核制度，实地测量必须按制度进行内部复核，并报现场监理工程师复核同意后，方可进行施工。

【答案】正确

【解析】项目部应制订工程测量复核制度，实地测量必须按制度进行内部复核，并报现场监理工程师复核同意后，方可进行施工。

17. 施工测量既是保证市政工程施工质量的重要环节，又是提高市政工程安全性和耐久性的基本保证。

【答案】错误

【解析】试验与检测既是保证市政工程施工质量的重要环节，又是提高市政工程安全性和耐久性的基本保证。

18. 工程变更应以会议或书面形式提出，并进行书面记录。

【答案】错误

【解析】工程变更应当以书面形式提出。

二、单选题

1. 市政工程施工现场多数位于城镇区域，地上构筑物较多、地下管线错综复杂，进场后必须组织（　　）。

A. 现场踏勘与调研   B. 方案编制

C. 图纸会审   D. 技术交底

【答案】A

【解析】市政工程施工现场多数位于城镇区域，地上构筑物较多、地下管线错综复杂，进场后必须组织现场踏勘与调研。

2. 项目技术负责人岗位责任不包括（   ）。

A. 负责项目技术管理和质量控制工作

B. 贯彻执行相关技术标准、验收规范和技术管理制度等

C. 负责审定项目重大的技术决策、四新应用

D. 决定工程项目的新技术、新工艺、新结构、新材料和新设备应用

【答案】D

【解析】项目技术负责人岗位责任有：负责项目技术管理和质量控制工作，贯彻执行相关技术标准、验收规范和技术管理制度等，负责审定项目重大的技术决策、四新应用等。

3. 图纸会审的主要内容不包括（   ）。

A. 设计单位相关资质

B. 设计是否符合国家有关技术规范的规定

C. 设计图纸及设计说明是否齐全、完整、清楚

D. 图纸前后内容是否一致

【答案】A

【解析】图纸会审的主要内容有：设计是否符合国家有关技术规范的规定，设计图纸及设计说明是否齐全、完整、清楚，图纸前后内容是否一致。

4. 图纸会审的初审应由（   ）组织有关人员参加。

A. 施工项目部   B. 项目经理

C. 建设单位   D. 企业技术负责人

【答案】A

【解析】图纸会审的初审应由施工项目部组织有关人员参加。

5. 图纸会审应由（   ）组织有关单位参加。

A. 施工项目部   B. 建设单位

C. 施工项目技术负责人   D. 企业技术负责人

【答案】B

【解析】图纸会审应由建设单位组织有关单位参加。

6. 劳动力配置计划是施工现场平衡、调配劳动力的依据，是根据施工方案和（   ）进行编制的。

A. 施工进度计划   B. 招投标文件

C. 工程设计文件   D. 工程项目工料分析

【答案】A

【解析】劳动力配置计划是施工现场平衡、调配劳动力的依据。其编制方法是根据施工方案和施工进度计划。

7. 主要材料需求计划是根据（   ）和施工进度计划编制的。

A. 施工进度计划   B. 招投标文件

C. 工程设计文件   D. 工程项目工料分析

【答案】D

【解析】主要材料需求计划是根据工程项目工料分析和施工进度计划编制的。

8. 施工准备工作不包括（   ）。

A. 现场准备   B. 材料准备

C. 技术准备   D. 资源准备

【答案】B

【解析】施工准备工作包括现场准备、技术准备和资源准备。

9. 施工现场准备不包括（   ）。

A. 办理工程开工许可等手续   B. 安排好施工现场的"三通一平"

C. 落实生产和生活暂设建设   D. 做好施工人员的安全教育

【答案】D

【解析】施工现场准备包括：办理工程开工许可等手续、安排好施工现场的"三通一平"、落实生产和生活暂设建设等。

10. 文明施工和环境保护措施不包括（   ）。

A. 文明施工和环境保护的目标   B. 文明施工和环境保护的管理网络

C. 文明施工和环境保护的管理措施   D. 文明施工和环境保护的资金保证措施

【答案】D

【解析】文明施工和环境保护措施不包括文明施工和环境保护的资金保证措施。

11. 成本计划、节能降耗等措施不包括（   ）。

A. 技术措施   B. 组织措施

C. 管理措施   D. 经济措施

【答案】C

【解析】成本计划、节能降耗等措施应包括技术措施、组织措施、经济措施及合同管理措施。

12. 施工组织总设计应由（   ）审批。

A. 总承包单位技术负责人   B. 项目经理

C. 施工单位技术负责人   D. 项目部技术负责人

【答案】A

【解析】施工组织总设计应由总承包单位技术负责人审批。

13. 制订切实可行的施工方案，首先必须从（   ）出发，符合现场实际情况，具有实际指导意义。

A. 工程施工成本   B. 工程施工要素

C. 工程施工安全   D. 工程施工需求

【答案】D

【解析】制订切实可行的施工方案，首先必须从工程施工需求出发，符合现场实际情况，具有实际指导意义。

14. 下列选项中，不属于施工方案的编制原则的是（   ）。

A. 制订切实可行的施工方案　　　　B. 施工期限满足合同要求

C. 施工费用最低　　　　D. 重点施工部位的技术创新

【答案】D

【解析】施工方案的编制原则包括：制订切实可行的施工方案；施工期限满足合同要求；确保工程质量和安全生产实现"质量第一，安全生产"的方针；施工费用最低。

15.（　　）是施工方案的核心内容，具有决定性作用。

A. 施工顺序　　　　B. 四新技术措施

C. 施工方法　　　　D. 质量保证方案

【答案】C

【解析】施工方法是施工方案的核心内容，具有决定性作用。

16.（　　）是保证施工项目顺利实施的基本条件。

A. 施工方法　　　　B. 施工组织

C. 施工顺序　　　　D. 施工机具和材料选择供应

【答案】B

【解析】施工组织是保证施工项目顺利实施的基本条件。

17. 施工材料的选择，首先应考虑（　　）。

A. 质量应满足设计要求　　　　B. 价格合理

C. 与施工机具配合　　　　D. 运输储存成本

【答案】A

【解析】施工材料的选择，首先是质量应满足设计要求或规范规定。

18. 下列选项中，施工机具和材料的选择主要考虑的因素不包括（　　）。

A. 应尽量选用施工单位现有机具

B. 机具类型应符合施工现场的条件

C. 在同一个工地上施工机具的种类和型号应尽可能多

D. 考虑所选机械的运行成本是否经济

【答案】C

【解析】施工机具和材料的选择主要考虑的因素包括应尽量选用施工单位现有机具、机具类型应符合施工现场的条件、考虑所选机械的运行成本是否经济等。

19. 下列分项工程中，不需要编制专项施工方案的是（　　）。

A. 深基坑工程　　　　B. 高支架模板工程

C. 脚手架工程　　　　D. 起重吊装工程

【答案】C

【解析】需要编制专项施工方案的有：深基坑工程、高支架模板工程、起重吊装工程等。

20. 下列选项中，不属于施工保证措施的是（　　）。

A. 质量保证措施　　　　B. 安全保证措施

C. 文明施工措施　　　　D. 进度保证措施

【答案】D

【解析】施工保证措施包括：质量保证措施；安全保证措施；文明施工及环境保护

措施。

21. 专项方案经审核合格，应由（　　）签字。

A. 技术负责人
B. 项目经理
C. 总监理工程师
D. 项目监理工程师

【答案】A

【解析】专项方案经审核合格，应由技术负责人签字。

22. 下列专业工程实行分包的，其专项方案不能由专业承包单位组织编制的是（　　）。

A. 高支架模板工程
B. 起重机械安装拆卸工程
C. 深基坑工程
D. 附着式升降脚手架工程

【答案】A

【解析】起重机械安装拆卸工程、深基坑工程、附着式升降脚手架等专业工程实行分包的，其专项方案可由专业承包单位组织编制。

23. 下列选项中，专项施工方案内不需编制监测方案的是（　　）。

A. 基坑支护
B. 承重支架
C. 高支架模板
D. 大型脚手架

【答案】C

【解析】在基坑支护、承重支架、大型脚手架等危险性较大的分部分项工程中，专项施工方案内还必须编制监测方案。

24. 应急预案不包括（　　）。

A. 应急指挥体系
B. 应急准备
C. 应急处理措施
D. 善后处理

【答案】C

【解析】应急预案一般应包括：应急指挥体系、应急准备、应急响应、应急救援和善后处理、恢复等内容。

25. 危险性较大的分部分项工程专项施工方案应由（　　）审核签字。

A. 项目经理
B. 施工单位技术负责人
C. 企业技术负责人
D. 总监理工程师

【答案】B

【解析】危险性较大的分部分项工程专项施工方案应由施工单位技术负责人审核签字。

26. 施工组织设计交底应采用（　　）形式。

A. 会议
B. 现场讲授
C. 书面
D. 会议或书面

【答案】A

【解析】施工组织设计交底应采用会议形式，并形成会议记录。

27. 施工方案可采用（　　）形式，并形成书面记录。

A. 会议
B. 现场讲授
C. 书面
D. 会议或现场讲授

【答案】D

【解析】施工方案可采用会议或现场讲授形式，并形成书面记录。

28. 专项方案应采用（ ）形式，形成书面记录。

A. 会议   B. 现场讲授

C. 书面   D. 书面和现场讲授

【答案】D

【解析】专项方案应采用书面形式和现场讲授形式，形成书面记录。

29. （ ）是工程项目从施工准备到竣工验收全过程中的一项重要的技术管理工作。

A. 施工组织设计   B. 施工检验

C. 施工质量检查验收   D. 施工测量

【答案】D

【解析】施工测量是工程项目从施工准备到竣工验收全过程中的一项重要的技术管理工作。

30. 项目部应制定工程测量复核制度，实地测量必须按制度进行内部复核，并报（ ）复核同意后，方可进行施工。

A. 施工项目技术负责人   B. 项目经理

C. 现场监理工程师   D. 总监理工程师

【答案】C

【解析】项目部应制定工程测量复核制度，实地测量必须按制度进行内部复核，并报现场监理工程师复核同意后，方可进行施工。

31. （ ）既是保证市政工程施工质量的重要环节，又是提高市政工程安全性和耐久性的基本保证。

A. 施工测量   B. 试验与检测

C. 施工质量检查验收   D. 工程变更

【答案】B

【解析】试验与检测既是保证市政工程施工质量的重要环节，又是提高市政工程安全性和耐久性的基本保证。

32. 水泥物理力学性能试验不包括（ ）。

A. 强度   B. 耐久性

C. 凝结时间   D. 安定性

【答案】B

【解析】水泥物理力学性能试验包括强度、凝结时间、安定性、细度等。

33. 市政工程用钢筋施工检验不包括（ ）。

A. 力学性能试验   B. 可焊性试验

C. 抗腐蚀性能试验   D. 化学成分检验

【答案】C

【解析】市政工程钢筋性能试验包括力学性能试验、可焊性试验、化学成分检验。

34. 市政工程用沥青施工检验不包括（ ）试验。

A. 延度   B. 针入度

C. 老化   D. 强度

【答案】D

【解析】市政工程用沥青施工检验包括延度、针入度、软化点、老化、粘附性等试验。

35. 凡已履行验收批、分项工程验收程序的，除非（　　）有明确要求者，一般不再进行隐蔽工程验收。

A. 建设单位

B. 监理单位

C. 施工总承包单位

D. 市政工程管理单位

【答案】B

【解析】凡已履行验收批、分项工程验收程序的，除非监理单位有明确要求者，一般不再进行隐蔽工程验收。

36. 标准管理工作由（　　）主持。

A. 项目技术负责人

B. 项目经理

C. 总监理工程师

D. 项目资料员

【答案】A

【解析】标准管理工作由项目技术负责人主持，项目资料员具体负责。

三、多选题

1. 市政工程进场后现场踏勘与调研的工作包括（　　）。

A. 编制施工预算

B. 收集技术资料和施工设计图纸

C. 现场沿线走访调研

D. 编制施工组织设计

E. 对有疑虑的地下管线及构筑物进行核对或坑探

【答案】BCE

【解析】市政工程进场后必须组织现场踏勘与调研，具体工作包括：收集技术资料和施工设计图纸、现场沿线走访调研、对有疑虑的地下管线及构筑物进行核对或坑探。

2. 项目技术负责人岗位责任包括（　　）。

A. 负责项目技术管理和质量控制工作

B. 贯彻执行相关技术标准、验收规范和技术管理制度等

C. 负责审定项目重大的技术决策、四新应用

D. 决定工程项目的新技术、新工艺、新结构、新材料和新设备应用

E. 组织编制和实施质量计划和质量保证措施

【答案】ABCE

【解析】项目技术负责人岗位责任包括：负责项目技术管理和质量控制工作；贯彻执行相关技术标准、验收规范和技术管理制度等；负责审定项目重大的技术决策、四新应用；组织编制和实施质量计划和质量保证措施等。

3. 技术质量管理部门负责人岗位责任包括（　　）。

A. 组织编制项目施工组织设计和施工方案

B. 主持图纸会审和安全技术交底

C. 组织编制施工质量和安全的技术措施

D. 负责技术总结

E. 主持技术会议，处理重大施工技术质量问题

【答案】ABCD

【解析】技术质量管理部门负责人岗位责任包括：组织编制项目施工组织设计和施工方案；主持图纸会审和安全技术交底；组织编制施工质量和安全的技术措施；负责技术总结等。

4. 施工组织设计按编制对象可以分为（　　）。

A. 施工组织总设计　　　　　　　B. 单位工程施工组织设计

C. 单项工程施工组织设计　　　　D. 分项工程施工组织设计

E. 施工方案

【答案】ABE

【解析】施工组织设计按编制对象可以分为施工组织总设计、单位工程施工组织设计和施工方案。

5. 施工组织设计的主要作用有（　　）。

A. 确定施工可能性和经济合理性，对工厂施工全过程作全局性部署和安排

B. 合理布置施工现场平面，建立合理的施工顺序，保证施工有序地实施

C. 制定合理的施工方案，确定施工方法、劳动组织和技术经济措施

D. 根据施工特点确定最节约的施工方案和合理的施工顺序

E. 分析工程项目的特点、难点，制订有效的技术措施

【答案】ABCE

【解析】施工组织设计的主要作用有：确定施工可能性和经济合理性，对工厂施工全过程作全局性部署和安排；合理布置施工现场平面，建立合理的施工顺序，保证施工有序地实施；制定合理的施工方案，确定施工方法、劳动组织和技术经济措施；分析工程项目的特点、难点，制订有效的技术措施等。

6. 施工现场平面布置的依据包括（　　）。

A. 工程总平面图　　　　　　　　B. 施工区域的自然、技术和经济条件

C. 施工组织设计　　　　　　　　D. 已确定的施工方案

E. 设计文件

【答案】ABDE

【解析】施工现场平面布置的依据包括工程总平面图，施工区域的自然、技术和经济条件，设计文件，已确定的施工方案、施工进度计划和资源需求计划，临时设施的规划方案，建设单位可提供的场地、房屋和其他设施。

7. 施工现场准备包括（　　）。

A. 办理工程开工许可等手续　　　B. 安排好施工现场的"三通一平"

C. 落实生产和生活暂设建设　　　D. 做好施工人员的安全教育

E. 做好测量控制点交接

【答案】ABCE

【解析】施工现场准备包括：办理工程开工许可等手续，安排好施工现场的"三通一平"，落实生产和生活暂设建设，做好测量控制点交接等。

8. 施工技术准备包括（　　）。

A. 熟悉、审核设计图纸和有关设计资料

B. 编制、报审单位工程施工组织设计、施工方案

C. 做好测量控制点交接、复核工作

D. 编制工程项目成本计划

E. 技术交底工作和安全技术培训

【答案】ABDE

【解析】施工技术准备包括：熟悉、审核设计图纸和有关设计资料，编制、报审单位工程施工组织设计、施工方案，编制工程项目成本计划，技术交底工作和安全技术培训等。

9. 文明施工和环境保护措施应包括（　　）。

A. 文明施工和环境保护的目标　　　B. 文明施工和环境保护的管理网络

C. 文明施工和环境保护的管理措施　D. 文明施工和环境保护的资金保证措施

E. 文明施工和环境保护的保证措施

【答案】ABCE

【解析】文明施工和环境保护措施不包括文明施工和环境保护的资金保证措施。

10. 施工方案的主要内容包括（　　）。

A. 施工方法　　　　　　　　　　　B. 施工机具与材料

C. 施工组织　　　　　　　　　　　D. 施工顺序

E. 专项施工方案

【答案】ABCD

【解析】施工方案的主要内容包括施工方法、施工机具与材料、施工组织、施工顺序、现场平面布置、技术组织措施。

11. 选择施工方案的依据主要有（　　）。

A. 工程特点　　　　　　　　　　　B. 工期要求

C. 施工组织条件　　　　　　　　　D. 施工成本

E. 标书、合同书的要求

【答案】ABCE

【解析】选择施工方案的依据主要有工程特点、工期要求、施工组织条件、标书、合同书的要求等。

12. 下列选项中，应按规范标准进行结构强度、刚度和稳定性核算的包括（　　）。

A. 模板支护　　　　　　　　　　　B. 基坑支护

C. 现浇箱梁　　　　　　　　　　　D. 施工便桥

E. 软基处理

【答案】ABDE

【解析】应按规范标准进行结构强度、刚度和稳定性核算的不包括现浇箱梁。

13. 专项方案编制的内容主要包括（　　）。

A. 编制依据　　　　　　　　　　　B. 工程概况

C. 施工部署　　　　　　　　　　　D. 施工方案

E. 施工合同

【答案】ABCD

【解析】专项方案编制的内容主要包括：编制依据、工程概况、施工部署、施工方案、施工保证措施、计算书及相关图纸。

14. 下列选项中，专项施工方案内必须编制监测方案的是（　　）。

A. 基坑支护　　　　　　　　　　B. 承重支架

C. 高支架模板　　　　　　　　　D. 大型脚手架

E. 顶管施工

【答案】ABD

【解析】在基坑支护、承重支架、大型脚手架等危险性较大的分部分项工程中，专项施工方案内还必须编制监测方案。

15. 施工测量的主要工作一般包括（　　）。

A. 熟悉设计图纸与设计资料　　　B. 现场踏勘

C. 交桩成果复核　　　　　　　　D. 制定测量方案

E. 测量技术交底

【答案】ABCD

【解析】施工测量的主要工作一般包括：熟悉设计图纸与设计资料；现场踏勘；交桩成果复核；制定测量方案；实地测量放样与复核。

16. 市政工程用沥青施工检验包括（　　）试验。

A. 延度　　　　　　　　　　　　B. 针入度

C. 软化点　　　　　　　　　　　D. 老化

E. 强度

【答案】ABCD

【解析】市政工程用沥青施工检验包括延度、针入度、软化点、老化、粘附性等试验。

17. 市政工程的主要隐蔽项目包括（　　）。

A. 地基与基础　　　　　　　　　B. 基础部位的钢筋

C. 现场结构焊接　　　　　　　　D. 道路面层

E. 燃气与供热管道

【答案】ABCE

【解析】道路面层不属于市政工程的主要隐蔽项目。

18. 分部分项工程检查验收主要项目包括（　　）。

A. 城镇道路工程　　　　　　　　B. 土石方工程

C. 城市桥梁工程　　　　　　　　D. 开槽施工管道工程

E. 构筑物工程

【答案】ACDE

【解析】分部分项工程检查验收主要项目包括：城镇道路工程、城市桥梁工程、开槽施工管道工程、构筑物工程。

四、案例题

1. 背景资料：某项目经理部中标一项桥梁工程，项目经理部有关人员组织了图纸初审并参加了图纸会审，然后编制了该桥梁工程的实施性施工组织设计。在施工组织设计中包括工程概况和特点、施工方案、施工组织与部署、施工现场平面布置、质量安全文明施工和环境保护措施等多项内容。

（1）判断题

① 图纸会审应由建设单位组织有关单位参加。

【答案】正确

【解析】图纸会审应由建设单位组织有关单位参加。

② 施工组织总设计是以单位工程或不复杂的单项工程为主要对象编制的施工组织设计。

【答案】错误

【解析】单位工程施工组织设计是以单位工程或不复杂的单项工程为主要对象编制的施工组织设计。

（2）单选题

① 图纸会审的初审应由（　　）组织有关人员参加。

A. 施工项目部　　　　　　　　　B. 项目经理
C. 建设单位　　　　　　　　　　D. 企业技术负责人

【答案】A

【解析】图纸会审的初审应由施工项目部组织有关人员参加。

② 单位工程施工组织设计应由（　　）审批。

A. 总承包单位技术负责人　　　　B. 项目经理
C. 施工单位技术负责人　　　　　D. 项目部技术负责人

【答案】C

【解析】单位工程施工组织设计应由施工单位技术负责人审批。

（3）多选题

① 施工组织设计按编制对象可以分为（　　）。

A. 施工组织总设计　　　　　　　B. 单位工程施工组织设计
C. 单项工程施工组织设计　　　　D. 分项工程施工组织设计
E. 施工方案

【答案】ABE

【解析】施工组织设计按编制对象可以分为施工组织总设计、单位工程施工组织设计和施工方案。

② 施工方案的主要内容包括（　　）。

A. 施工方法　　　　　　　　　　B. 施工机具与材料
C. 施工组织　　　　　　　　　　D. 施工顺序
E. 专项施工方案

【答案】ABCD

【解析】施工方案的主要内容包括施工方法、施工机具与材料、施工组织、施工顺序、现场平面布置、技术组织措施。

第三章　进度计划管理

一、判断题

1. 横道图总体表示了各施工过程所需的工期和总工期，并综合反映了各单位工程相互间的关系。

【答案】 错误

【解析】 横道图总体表示了各施工过程所需的工期和总工期，并综合反映了各分部分项工程相互间的关系。

2. 施工进度计划表中列出直接在施工现场实施的施工过程，包括成品、半成品等采购、加工和运输的施工过程。

【答案】 错误

【解析】 施工进度计划表中只列出直接在施工现场实施的施工过程，不包括成品、半成品等采购、加工和运输的施工过程。

3. 若检查的实际施工进度产生的偏差影响了总工期，在某些条件下，改变关键线路和超过计划工期的非关键线路的有关工作之间的逻辑关系，达到缩短工期的目的。

【答案】 正确

【解析】 若检查的实际施工进度产生的偏差影响了总工期，在工作之间的逻辑关系允许改变的条件下，可以改变关键线路和超过计划工期的非关键线路的有关工作之间的逻辑关系，达到缩短工期的目的。

4. 可以把依次进行的有关工作改成平行的或互相搭接的以及分成几个施工段进行流水施工。

【答案】 正确

【解析】 可以把依次进行的有关工作改成平行的或互相搭接的以及分成几个施工段进行流水施工。

5. 当有节点工期的限制，进度计划的调整还不能满足节点工期的约束时，应考虑改变施工方案。

【答案】 正确

【解析】 当有节点工期的限制，进度计划的调整还不能满足节点工期的约束时，应考虑改变施工方案。

6. 一个工程项目的施工总进度规划或施工总进度计划是工程项目的指导性施工进度计划。

【答案】 错误

【解析】 一个工程项目的施工总进度规划或施工总进度计划是工程项目的控制性施工进度计划。

7. 平行作业法是一种比较科学的施工方法，它建立在合理分工、紧密协作和大批量生产的基础上。

【答案】错误

【解析】流水作业法是一种比较科学的施工方法，它建立在合理分工、紧密协作和大批量生产的基础上。

8. 自由时差是在不影响任何一项紧后工作的最早开始时间，本工作所拥有的最大机动时间。

【答案】正确

【解析】自由时差是在不影响任何一项紧后工作的最早开始时间，本工作所拥有的最大机动时间。

9. 单代号网络计划图的绘制步骤与双代号网络图的绘制不同。

【答案】错误

【解析】单代号网络计划图的绘制步骤与双代号网络图的绘制基本相同。

10. 每次调整非关键工作时差，必须重新计算时间参数，观察该项调整对整个网络计划的影响。

【答案】正确

【解析】非关键工作时差的调整在其时差范围内进行。每次调整均必须重新计算时间参数，观察该项调整对整个网络计划的影响。

二、单选题

1. 单位工程施工进度计划的作用不包括（　　）。

A. 控制单位工程的施工进度

B. 确定单位工程的各个施工过程的施工顺序

C. 为编制年度等计划生产作业计划提供依据

D. 控制不同时段的工程成本

【答案】D

【解析】单位工程施工进度计划的作用包括：控制单位工程的施工进度、确定单位工程的各个施工过程的施工顺序、为编制年度等计划生产作业计划提供依据等。

2. 施工进度计划的编制依据不包括（　　）。

A. 工程的施工图纸　　　　　　　　B. 施工合同文件

C. 工程项目施工总进度计划　　　　D. 施工方案

【答案】B

【解析】施工进度计划的编制依据包括：工程的施工图纸、工程项目施工总进度计划、施工方案等。

3. 下列关于确定施工阶段时应注意的问题的说法错误的是（　　）。

A. 施工阶段的划分应与施工方法相一致

B. 施工阶段划分的粗细程度主要根据单位工程施工进度计划所起的客观作用

C. 适当简化施工进度计划内容，突出重点，施工过程划分应尽量细

D. 所有施工阶段应大致按照施工顺序先后排列

【答案】C

【解析】适当简化施工进度计划内容，突出重点，避免工程项目划分过细。

4. 下列关于工程量计算时应注意的问题的说法错误的是（　　）。

A. 分部分项工程工程量的计算单位应与相应定额标准的计算单位相一致

B. 工程量的计算应结合施工方法和安全技术要求

C. 按分区、分项等计算工程量

D. 工程量的计算应按从易到难的顺序排列

【答案】D

【解析】工程量的计算应结合施工方法和安全技术要求。

5. 确定劳动量和机械台班量不包括（　　）。

A. 工程量　　　　　　　　　　　　B. 施工方法

C. 预算定额　　　　　　　　　　　D. 施工定额

【答案】C

【解析】劳动量和机械台班量是根据各施工项目的工程量、施工方法和现行的施工定额，并结合当时当地的具体情况加以确定。

6. 已知某桥梁承台基坑的土方开挖量为 4029m^3，采用人工挖土，每工日产量定额为 6.5m^3，则完成基坑开挖所需的劳动量为（　　）工日。

A. 580　　　　　　　　　　　　　B. 600

C. 620　　　　　　　　　　　　　D. 640

【答案】C

【解析】$P=Q/S$。

7. 某道路工程安装砌路缘石，需要总劳动量 240 工日，一班制工作，每天安排作业人员为 30 人，则施工持续时间为（　　）d。

A. 6　　　　　　　　　　　　　　B. 8

C. 10　　　　　　　　　　　　　D. 12

【答案】B

【解析】$t=P/(R \cdot N)$。

8. 某道路路堤填筑采用机械施工，需要 76 个台班完成，现建设单位要求 7d 完成，所需挖土机台数为（　　）台。

A. 6　　　　　　　　　　　　　　B. 8

C. 10　　　　　　　　　　　　　D. 11

【答案】D

【解析】$R=P/(t \cdot N)$。

9. 施工进度计划跟踪与检查内容的主要工作不包括（　　）。

A. 跟踪检查实际施工进度　　　　B. 收集施工资料

C. 整理统计检查数据　　　　　　D. 对比实际进度与计划进度

【答案】B

【解析】施工进度计划跟踪与检查内容主要包括：跟踪检查实际施工进度、整理统计检查数据、对比实际进度与计划进度。

10. 下列不属于对比实际进度与计划进度常用的方法的是（　　）。

A. 横道图比较法　　　　　　　　B. S 形曲线比较法

C. "香蕉"形曲线比较法　　　　　　D. 网络图比较法

【答案】 D

【解析】 对比实际进度与计划进度常用的方法有横道图比较法、S形曲线比较法、"香蕉"形曲线比较法、前锋线比较法和列表比较法等。

11. 施工的月度施工计划和旬施工作业计划属于（　　　）。

A. 策划性施工进度计划　　　　　　B. 控制性施工进度计划

C. 指导性施工进度计划　　　　　　D. 实施性施工进度计划

【答案】 D

【解析】 施工的月度施工计划和旬施工作业计划属于实施性施工进度计划。

12. （　　　）是组织多个同类型的专业队，在同一时间，不同的工作面上按照施工工艺要求，同时完成各施工对象的施工。

A. 依次施工　　　　　　　　　　　B. 平行施工

C. 流水施工　　　　　　　　　　　D. 交叉施工

【答案】 B

【解析】 平行施工是组织多个同类型的专业队，在同一时间，不同的工作面上按照施工工艺要求，同时完成各施工对象的施工。

13. （　　　）表示一项工作，代表了某个专业队在某个施工段上的操作过程。

A. 箭线　　　　　　　　　　　　　B. 节点

C. 线路　　　　　　　　　　　　　D. 任务

【答案】 A

【解析】 箭线表示一项工作，代表了某个专业队（工序）在某个施工段上的操作过程。

14. （　　　）是在不影响任何一项紧后工作的最早开始时间，本工作所拥有的最大机动时间。

A. 总时差　　　　　　　　　　　　B. 自由时差

C. 相干时差　　　　　　　　　　　D. 独立时差

【答案】 B

【解析】 自由时差是在不影响任何一项紧后工作的最早开始时间，本工作所拥有的最大机动时间。

15. 以下不属于网络计划的优化目标的是（　　　）。

A. 工期目标→工期优化　　　　　　B. 资源目标→资源优化

C. 质量目标→质量优化　　　　　　D. 费用目标→费用优化

【答案】 C

【解析】 网络计划的优化目标主要由：工期目标→工期优化；资源目标→资源优化；费用目标→费用优化。

三、多选题

1. 单位工程施工进度计划的作用包括（　　　）。

A. 控制单位工程的施工进度

B. 确定单位工程的各个施工过程的施工顺序

C. 为编制年度等计划生产作业计划提供依据

D. 控制不同时段的工程成本

E. 是编制和实施施工准备工作的依据

【答案】 ABCE

【解析】 单位工程施工进度计划的作用包括：控制单位工程的施工进度，确定单位工程的各个施工过程的施工顺序，为编制年度等计划生产作业计划提供依据，是编制和实施施工准备工作的依据等。

2. 在确定施工阶段时，应注意的问题包括（　　）。

A. 施工阶段的划分应与施工方法相一致

B. 施工阶段划分的粗细程度主要根据分部分项工程施工进度计划所起的客观作用

C. 适当简化施工进度计划内容，突出重点，施工过程划分应尽量细

D. 所有施工阶段应大致按照施工顺序先后排列

E. 施工阶段的划分一定要结合工程结构特点

【答案】 ADE

【解析】 在确定施工阶段时，应注意的问题包括：施工阶段的划分应与施工方法相一致；所有施工阶段应大致按照施工顺序先后排列；施工阶段的划分一定要结合工程结构特点等。

3. 工程量计算时应注意的问题有（　　）。

A. 分部分项工程工程量的计算单位应与相应定额标准的计算单位相一致

B. 工程量的计算应结合施工方法和安全技术要求

C. 按分区、分项等计算工程量

D. 工程量的计算应按从易到难的顺序排列

E. 采用预算文件中的工程量时应按施工过程的划分情况将有关项目的工程量汇总

【答案】 ABCE

【解析】 工程量计算时应注意的问题有：分部分项工程工程量的计算单位应与相应定额标准的计算单位相一致；工程量的计算应结合施工方法和安全技术要求；按分区、分项等计算工程量；采用预算文件中的工程量时应按施工过程的划分情况将有关项目的工程量汇总等。

4. 施工进度计划实施的保证措施包括（　　）。

A. 全面交底、发动群众　　　　　　B. 编制月作业计划

C. 签发施工任务书　　　　　　　　D. 做好施工进度记录

E. 跟踪施工进度计划的实施

【答案】 ABCD

【解析】 施工进度计划实施的保证措施包括：全面交底、发动群众；编制月作业计划；签发施工任务书；做好施工进度记录等。

5. 施工进度计划跟踪与检查内容的主要工作包括（　　）。

A. 跟踪检查实际施工进度　　　　　B. 收集施工资料

C. 整理统计检查数据　　　　　　　D. 对比实际进度与计划进度

E. 调整施工方案

【答案】 ACD

【解析】 施工进度计划跟踪与检查内容主要包括：跟踪检查实际施工进度、整理统计检查数据、对比实际进度与计划进度。

6. 对比实际进度与计划进度常用的方法有（　　）。

A. 横道图比较法　　　　　　　　B. S 形曲线比较法

C. "香蕉" 形曲线比较法　　　　　D. 网络图比较法

E. 列表比较法

【答案】 ABCE

【解析】 对比实际进度与计划进度常用的方法有横道图比较法、S 形曲线比较法、"香蕉" 形曲线比较法、前锋线比较法和列表比较法等。

7. 按照进度计划的功能不同，工程项目施工进度计划可分为（　　）。

A. 策划性施工进度计划　　　　　B. 控制性施工进度计划

C. 指导性施工进度计划　　　　　D. 调整性施工进度计划

E. 实施性施工进度计划

【答案】 BCE

【解析】 按照进度计划的功能不同，工程项目施工进度计划可分为控制性施工进度计划、指导性施工进度计划和实施性施工进度计划。

8. 工程项目施工过程中，通常采用以下几种组织方式（　　）。

A. 依次施工　　　　　　　　　　B. 平行施工

C. 规范施工　　　　　　　　　　D. 流水施工

E. 交叉施工

【答案】 ABD

【解析】 工程项目施工过程中，通常采用三种组织方式，即：依次施工、平行施工与流水施工。

9. 双代号网络图主要的基本要素有（　　）。

A. 时间　　　　　B. 节点　　　　　C. 线路　　　　　D. 任务

E. 箭线

【答案】 BCE

【解析】 双代号网络图主要有三个基本要素：箭线、节点和线路。

10. 时差有（　　）。

A. 总时差　　　　　　　　　　　B. 分时差

C. 自由时差　　　　　　　　　　D. 相干时差

E. 独立时差

【答案】 ACDE

【解析】 时差有：总时差、自由时差、相干时差、独立时差。

四、案例题

1. 背景资料：某市政工程，合同总工期为 10 个月，施工单位根据施工方案绘制网络计划图，如下图所示（单位为月）。

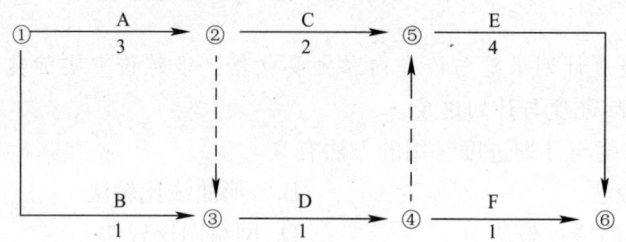

（1）判断题

① 背景资料中的网络图属于双代号网络计划图。

【答案】正确

【解析】网络图的表达方式分为双代号网络图和单代号网络图。背景资料中的网络图属于双代号网络计划图。

（2）单选题

① 背景资料中网络图的关键线路是（   ）。

A. ①—②—⑤—⑥   B. ①—②—③—④—⑤—⑥

C. ①—②—③—④—⑥   D. ①—③—④—⑥

【答案】B

【解析】由关键工作组成的线路称为关键线路。在一个网络图中，持续时间之和最长的线路是关键线路。对于本工程网络图，线路分别有：①—②—⑤—⑥；①—②—③—④—⑤—⑥；①—②—③—④—⑥；①—③—④—⑤—⑥；①—③—④—⑥。每条线路上工作的持续时间分别为：9个月、10个月、8个月、8个月、6个月。①—②—③—④—⑤—⑥持续时间最长，所以为关键线路。

（3）多选题

① 双代号网络图主要的基本要素有（   ）。

A. 时间   B. 节点   C. 线路   D. 任务

E. 箭线

【答案】BCE

【解析】双代号网络图主要有三个基本要素：箭线、节点和线路。

第四章 施工质量管理

一、判断题

1. 质量指产品质量或者某项活动或过程的工作质量。

【答案】错误

【解析】质量不仅是指产品质量，也可以是某项活动或过程的工作质量，还可以是质量管理体系运行的质量。

2. 对技术文件的审核，是项目技术负责人对工程质量进行全面控制的重要手段。

【答案】错误

【解析】对技术文件的审核，是项目负责人对工程质量进行全面控制的重要手段。

3. 水泥的质量是直接影响混凝土工程质量的关键因素，因此应对进场的水泥质量进行重点控制，唯一的措施是对其出厂合格证进行检查。

【答案】错误

【解析】水泥的质量是直接影响混凝土工程质量的关键因素，因此应对进场的水泥质量进行重点控制，必须检查核对其出厂合格证，并按要求进行强度和安定性的复验等。

4. 冷拉钢筋，一定要先对焊后冷拉，否则，就会失去冷强。

【答案】正确

【解析】冷拉钢筋，一定要先对焊后冷拉，否则，就会失去冷强。

5. 砖墙砌筑后，一定要有 5～8d 时间让墙体充分沉陷、稳定、干燥，然后才能抹面。

【答案】错误

【解析】砖墙砌筑后，一定要有 6～10d 时间让墙体充分沉陷、稳定、干燥，然后才能抹面。

6. 同一结构类型的附属构筑物不大于 10 个为一个验收批。

【答案】正确

【解析】同一结构类型的附属构筑物不大于 10 个为一个验收批。

7. 事故发生后，现场第一发现人应立即向企业负责人和工程建设单位负责人报告事故的状况。

【答案】错误

【解析】事故发生后，项目经理应立即向企业负责人和工程建设单位负责人报告事故的状况。

8. 事故发生后，企业负责人及工程建设单位负责人应于接到报告后 24h 内向事故发生地县级以上人民政府住房和城乡建设主管部门及有关部门报告。

【答案】错误

【解析】事故发生后，企业负责人及工程建设单位负责人应于接到报告后 1h 以内向事故发生地县级以上人民政府住房和城乡建设主管部门及有关部门报告。

9. 某些混凝土结构表面出现蜂窝、麻面，经分析评估，该部位采用加固处理，不会影响其使用及外观。

【答案】错误

【解析】某些混凝土结构表面出现蜂窝、麻面，经分析评估，该部位采用修补处理后，不会影响其使用及外观。

10. 当混凝土的裂缝宽度较深时，应采取灌浆修补法进行处理。

【答案】正确

【解析】当混凝土的裂缝宽度较深时，应采取灌浆修补法进行处理。

11. 当工程质量缺陷采取修补处理后，仍无法保证达到规定的使用要求和安全要求，但是不具备返工处理条件时，应采取报废处理。

【答案】错误

【解析】当工程质量缺陷采取修补处理后，仍无法保证达到规定的使用要求和安全要求，但是不具备返工处理条件时，应采取限制使用。

12. 某工程出现测量放样的偏差，且严重超过标准规定，若要纠正会造成重大经济损失，则只能报废处理。

【答案】错误

【解析】某工程出现测量放样的偏差，且严重超过标准规定，若要纠正会造成重大经济损失，但经过分析、论证其偏差不影响生产工艺和正常使用，在外观上也无明显影响，可不作处理。

二、单选题

1. 市政工程作为一种特殊的产品，有一些自己的特点，下列不属于其特点的是（　　）。

A. 适用性　　　　　　　　　　B. 耐久性
C. 安全性　　　　　　　　　　D. 结构性

【答案】D

【解析】市政工程作为一种特殊的产品，具有的特点有：适用性、耐久性、安全性、可靠性、经济性、与环境的协调性。

2. 环境条件是指对工程质量特性起重要作用的环境因素，以下不属于环境条件的是（　　）。

A. 施工现场自然环境因素　　　　B. 施工质量管理环境因素
C. 施工作业环境因素　　　　　　D. 施工安全管理因素

【答案】D

【解析】环境条件是指对工程质量特性起重要作用的环境因素，主要包括施工现场自然环境因素、施工质量管理环境因素和施工作业环境因素。

3. 正式施工前进行的事前主动质量控制的内容不包括（　　）。

A. 技术准备　　　　　　　　　　B. 施工现场准备
C. 物资准备　　　　　　　　　　D. 人员准备

【答案】D

【解析】正式施工前进行的事前主动质量控制的内容有：技术准备、施工现场准备、物资准备、组织准备。

4. 下列选项中，不属于施工过程质量控制的主要工作的是（   ）。

A. 验收批的自检、互检　　　　　B. 监理工程师的旁站检查和验收

C. 隐蔽工程验收　　　　　　　　D. 准备竣工验收资料

【答案】 D

【解析】 属于施工过程质量控制的主要工作的有：验收批的自检、互检，监理工程师的旁站检查和验收，隐蔽工程验收等。

5. 施工质量控制的目标是（   ）。

A. 确保各工程项目质量合格　　　B. 坚持质量标准

C. 对验收批和质量控制点的控制　D. 按施工合同的约定完成施工任务

【答案】 A

【解析】 施工质量控制的目标是确保各工程项目质量合格，杜绝质量事故发生。

6. 现场质量检查内容不包括（   ）。

A. 开工前检查　　　　　　　　　B. 验收批和分项工程交接检查

C. 隐蔽工程检查　　　　　　　　D. 已完工程检查

【答案】 D

【解析】 现场质量检查内容包括：开工前检查，验收批和分项工程交接检查，隐蔽工程检查，停工后复工前的检查，分项、分部工程完工后的检验，成品保护检查。

7. 下列不属于物理力学性能检验的是（   ）。

A. 抗拉强度　　　　　　　　　　B. 含水量

C. 安定性　　　　　　　　　　　D. 抗腐蚀性

【答案】 D

【解析】 属于物理力学性能检验的是：抗拉强度、含水量、安定性等。

8. 常用的无损检测的方法有（   ）。

A. 超声波探测　　　　　　　　　B. X 射线探测

C. γ 射线探测　　　　　　　　　D. 小应变检测

【答案】 D

【解析】 小应变检测属于常用的无损检测的方法。

9. 以下说法错误的是（   ）。

A. 进场的水泥应按要求进行强度和安定性的复验

B. 预应力钢筋超张拉的目的是为了加速钢筋松弛的早发展，减少钢筋松弛的应力损失

C. 冷拉钢筋，一定要先对焊后冷拉

D. 蜂窝、麻面、渗水等都与工艺操作有关

【答案】 B

【解析】 预应力钢筋超张拉的目的，是为了减少混凝土弹性压缩和徐变，减少钢筋的松弛、孔道摩阻力、锚具变形等原因所引起的应力损失。

10. 对于暗挖与现浇施工管道，顶管每顶进（   ）m 为一个验收批。

A. 50　　　　　　　　　　　　　B. 80

C. 100　　　　　　　　　　　　 D. 200

【答案】C

【解析】对于暗挖与现浇施工管道，顶管每顶进100m为一个验收批。

11. 对于暗挖与现浇施工管道，盾构掘进每（　　）环为一个验收批。

A. 50　　　　　　　　　　　　B. 80

C. 100　　　　　　　　　　　 D. 200

【答案】C

【解析】对于暗挖与现浇施工管道，盾构掘进每100环为一个验收批。

12. 某工程事故造成10人死亡，20人重伤，直接经济损失5000万元，此事故属于（　　）。

A. 特别重大事故　　　　　　　B. 重大事故

C. 较大事故　　　　　　　　　D. 一般事故

【答案】B

【解析】重大事故，是指造成10人以上30人以下死亡，或者50人以上100人以下重伤，或者5000万元以上1亿元以下直接经济损失的事故。

13. 某工程事故造成1人死亡，5人重伤，直接经济损失100万元，此事故属于（　　）。

A. 特别重大事故　　　　　　　B. 重大事故

C. 较大事故　　　　　　　　　D. 一般事故

【答案】D

【解析】一般事故，是指造成3人以下死亡，或者10人以下重伤，或者100万元以上1000万元以下直接经济损失的事故。

14. 因设计考虑不周造成的施工质量事故属于（　　）事故。

A. 技术原因　　　　　　　　　B. 管理原因

C. 人为事故　　　　　　　　　D. 偶然事故

【答案】A

【解析】因设计考虑不周造成的施工质量事故属于技术原因事故。

15. 某些施工企业盲目追求利润对工程质量不够重视所造成的施工质量事故属于（　　）事故。

A. 技术原因　　　　　　　　　B. 管理原因

C. 人为事故　　　　　　　　　D. 社会与经济原因

【答案】D

【解析】某些施工企业盲目追求利润对工程质量不够重视所造成的施工质量事故属于社会与经济原因事故。

16. 起重设备故障造成梁体损坏所引发的施工质量事故属于（　　）。

A. 技术原因　　　　　　　　　B. 管理原因

C. 人为事故　　　　　　　　　D. 社会与经济原因

【答案】C

【解析】起重设备故障造成梁体损坏所造成的施工质量事故属于人为事故。

17. 事故发生后，（　　）应立即向企业负责人和工程建设单位负责人报告事故的状况。

A. 第一发现人　　　　　　　　　B. 旁站监理
C. 项目技术负责人　　　　　　　D. 项目经理

【答案】D

【解析】事故发生后，项目经理应立即向企业负责人和工程建设单位负责人报告事故的状况。

18. 事故发生后，企业负责人和工程建设单位负责人应于接到报告后（　　）小时内向事故发生地县级以上人民政府住房和城乡建设主管部门及有关部门报告。

A. 1　　　　　　　　　　　　　B. 2
C. 24　　　　　　　　　　　　 D. 48

【答案】A

【解析】事故发生后，企业负责人和工程建设单位负责人应于接到报告后1小时内向事故发生地县级以上人民政府住房和城乡建设主管部门及有关部门报告。

19. 初步的调查结果要整理撰写成事故调查快报，其主要内容不包括（　　）。

A. 事故发生的时间、地点　　　　B. 事故发生的简要经过
C. 伤亡人数　　　　　　　　　　D. 事故初步认定的责任人

【答案】D

【解析】初步的调查结果要整理撰写成事故调查快报，其主要内容包括：事故发生的时间、地点，事故发生的简要经过，伤亡人数等。

20. 事故处理完毕后，必须尽快地提交完整的事故处理报告，其内容不包括（　　）。

A. 事故项目及各参建单位概况
B. 事故发生经过和事故救援情况
C. 事故造成的人员伤亡和直接经济损失
D. 事故的赔偿方式

【答案】D

【解析】事故处理完毕后，必须尽快地提交完整的事故处理报告，其内容包括事故项目及各参建单位概况、事故发生经过和事故救援情况、事故造成的人员伤亡和直接经济损失等。

21. 某些混凝土结构表面出现蜂窝、麻面，经分析评估，该部位采用（　　），不会影响其使用及外观。

A. 修补处理　　　　　　　　　　B. 加固处理
C. 返工处理　　　　　　　　　　D. 报废处理

【答案】A

【解析】某些混凝土结构表面出现蜂窝、麻面，经分析评估，该部位采用修补处理后，不会影响其使用及外观。

22. 当混凝土的裂缝宽度不大于 0.2mm 时，可采用（　　）进行处理。

A. 表面密封法　　　　　　　　　B. 嵌缝密闭法
C. 灌浆修补法　　　　　　　　　D. 置换混凝土法

【答案】A

【解析】当混凝土的裂缝宽度不大于 0.2mm 时，可采用表面密封法进行处理。

23. 当混凝土的裂缝宽度大于 0.3mm 时，采用（　　）进行处理。

A. 表面密封法　　　　　　　　　　B. 嵌缝密闭法

C. 灌浆修补法　　　　　　　　　　D. 置换混凝土法

【答案】B

【解析】当混凝土的裂缝宽度大于 0.3mm 时，采用嵌缝密闭法进行处理。

24. 当混凝土的裂缝宽度较深时，应采取（　　）进行处理。

A. 表面密封法　　　　　　　　　　B. 嵌缝密闭法

C. 灌浆修补法　　　　　　　　　　D. 置换混凝土法

【答案】C

【解析】当混凝土的裂缝宽度较深时，应采取灌浆修补法进行处理。

25. 当验收批或分项工程质量缺陷经分析评估后不能满足所定的质量标准要求，并对其他工程项目质量验收有影响时，则必须采取（　　）。

A. 加固处理　　　　　　　　　　　B. 返工处理

C. 限制使用　　　　　　　　　　　D. 报废处理

【答案】B

【解析】当验收批或分项工程质量缺陷经分析评估后不能满足所定的质量标准要求，并对其他工程项目质量验收有影响时，则必须采取返工处理。

26. 当工程质量缺陷采取修补处理后，仍无法保证达到规定的使用要求和安全要求，但是不具备返工处理条件时，应采取（　　）。

A. 加固处理　　　　　　　　　　　B. 返工处理

C. 限制使用　　　　　　　　　　　D. 报废处理

【答案】C

【解析】当工程质量缺陷采取修补处理后，仍无法保证达到规定的使用要求和安全要求，但是不具备返工处理条件时，应采取限制使用。

27. 某些部位的混凝土表面的裂缝，经检查分析，属于养护不当的表面干缩微裂，不影响结构使用功能，可以（　　）。

A. 加固处理　　　　　　　　　　　B. 返工处理

C. 限制使用　　　　　　　　　　　D. 不作处理

【答案】D

【解析】某些部位的混凝土表面的裂缝，经检查分析，属于养护不当的表面干缩微裂，不影响结构使用功能，可不作处理。

三、多选题

1. 市政工程作为一种特殊的产品，有以下哪些方面的特点（　　）。

A. 适用性　　　　　　　　　　　　B. 耐久性

C. 安全性　　　　　　　　　　　　D. 可靠性

E. 结构性

【答案】ABCD

【解析】市政工程作为一种特殊的产品，具有的特点有：适用性、耐久性、安全性、可靠性、经济性、与环境的协调性。

2. 环境条件是指对工程质量特性起重要作用的环境因素，主要包括（　　）。

A. 施工现场自然环境因素
B. 施工质量管理环境因素
C. 施工水文地质因素
D. 施工安全管理因素
E. 施工作业环境因素

【答案】ABE

【解析】环境条件是指对工程质量特性起重要作用的环境因素，主要包括施工现场自然环境因素、施工质量管理环境因素和施工作业环境因素。

3. 正式施工前进行的事前主动质量控制的内容有（　　）。

A. 技术准备
B. 施工现场准备
C. 物资准备
D. 组织准备
E. 人员准备

【答案】ABCD

【解析】正式施工前进行的事前主动质量控制的内容有：技术准备、施工现场准备、物资准备、组织准备。

4. 施工现场准备包括（　　）。

A. 生产和生活临时设施
B. 测量控制网布设
C. 计量器具的维修和校验
D. 施工机械设备
E. 加工场地布置

【答案】ABCE

【解析】施工现场准备包括：生产和生活临时设施、测量控制网布设、计量器具的维修和校验、加工场地布置等。

5. 现场质量检查的方法有（　　）。

A. 目测法
B. 对比法
C. 试验法
D. 实测法
E. 无损检测法

【答案】ACD

【解析】现场质量检查的方法有目测法、实测法和试验法三种。

6. 下列属于物理力学性能检验的是（　　）。

A. 抗拉强度
B. 含水量
C. 安定性
D. 抗腐蚀性
E. 耐磨性

【答案】ABCE

【解析】属于物理力学性能检验的是：抗拉强度、含水量、安定性、耐磨性等。

7. 常用的无损检测的方法有（　　）。

A. 超声波探测
B. X 射线探测
C. γ 射线探测
D. 小应变检测
E. 混凝土强度回弹检测

【答案】ABC

【解析】常用的无损检测的方法有：超声波探测、X射线探测、γ射线探测等。

8. 以下说法正确的是（　　）。

A. 进场的水泥应按要求进行强度和安定性的复验

B. 预应力钢筋超张拉的目的是为了加速钢筋松弛的早发展，减少钢筋松弛的应力损失

C. 冷拉钢筋，一定要先对焊后冷拉

D. 蜂窝、麻面、渗水等都与工艺操作有关

E. 砖墙砌筑后，一定要有6～10d时间让墙体充分沉陷、稳定、干燥，然后才能抹面

【答案】ACDE

【解析】预应力钢筋超张拉的目的，是为了减少混凝土弹性压缩和徐变，减少钢筋的松弛、孔道摩阻力、锚具变形等原因所引起的应力损失。

9. 施工质量事故发生的原因有（　　）。

A. 技术原因 　　　　　　　　　 B. 管理原因

C. 人为事故 　　　　　　　　　 D. 偶然事故

E. 自然灾害原因

【答案】ABCE

【解析】施工质量事故发生的原因有：技术原因、管理原因、社会与经济原因、人为事故和自然灾害原因。

10. 施工质量事故处理的基本要求有（　　）。

A. 质量事故的处理应以经济合理为主要目的

B. 重视消除造成事故的原因，注意综合治理

C. 正确确定处理的范围

D. 加强事故处理的检查验收工作

E. 确保事故处理期间的安全

【答案】BCDE

【解析】施工质量事故处理的基本要求有：重视消除造成事故的原因，注意综合治理，正确确定处理的范围，加强事故处理的检查验收工作，确保事故处理期间的安全等。

11. 施工质量事故处理的基本方法有（　　）。

A. 修补处理 　　　　　　　　　 B. 加固处理

C. 返工处理 　　　　　　　　　 D. 限期整改

E. 报废处理

【答案】ABCE

【解析】施工质量事故处理的基本方法有：修补处理、加固处理、返工处理、报废处理等。

12. 对混凝土结构常用加固的方法有（　　）。

A. 增大截面加固法 　　　　　　 B. 外包型钢加固法

C. 粘钢加固法 　　　　　　　　 D. 置换混凝土法

E. 预应力加固法

【答案】ABCE

【解析】对混凝土结构常用加固的方法有：增大截面加固法、外包型钢加固法、粘钢加固法、增设支点加固法、增设碳纤维加固法、预应力加固法等。

13. 施工质量事故处理时，一般可不作专门处理的情况有（　　）。

A. 不影响结构安全、生产工艺和使用要求的

B. 下道分项工程可以弥补的质量缺陷

C. 法定检测单位鉴定合格的

D. 经过建设单位检查后同意的

E. 构筑物出现的质量缺陷，经检测鉴定达不到设计要求，但经原设计单位核算仍能满足结构安全和使用功能的

【答案】ABCE

【解析】施工质量事故处理时，一般可不作专门处理的情况有：不影响结构安全、生产工艺和使用要求的，下道分项工程可以弥补的质量缺陷，法定检测单位鉴定合格的，构筑物出现的质量缺陷，经检测鉴定达不到设计要求，但经原设计单位核算仍能满足结构安全和使用功能等。

四、案例题

1. 背景资料：在某大型城市桥梁工程项目施工过程中，施工企业项目经理部虽然建立了工程质量管理体系并进行了质量控制，但在某段混凝土施工过程中，由于天气原因，施工人员振捣时间不充分不实，造成混凝土产生蜂窝、麻面、烂根、裂缝等质量问题，经相关单位检测强度不符合设计要求，需进行返工处理，此事故产生经济损失 150 万元左右。

（1）判断题

① 事故发生后，项目经理应立即向企业负责人和工程建设单位负责人报告事故的状况。

【答案】正确

【解析】事故发生后，项目经理应立即向企业负责人和工程建设单位负责人报告事故的状况。

② 某些混凝土结构表面出现蜂窝、麻面，经分析评估，该部位采用加固处理，不会影响其使用及外观。

【答案】错误

【解析】某些混凝土结构表面出现蜂窝、麻面，经分析评估，该部位采用修补处理后，不会影响其使用及外观。

（2）单选题

① 事故发生后，企业负责人和工程建设单位负责人应于接到报告后（　　）小时内向事故发生地县级以上人民政府住房和城乡建设主管部门及有关部门报告。

A. 1　　　　　　　　B. 2　　　　　　　　C. 24　　　　　　　　D. 48

【答案】A

【解析】事故发生后，企业负责人和工程建设单位负责人应于接到报告后 1 小时内向事故发生地县级以上人民政府住房和城乡建设主管部门及有关部门报告。

② 此事故属于（　　　）。

A. 特别重大事故　　　　　　　　　B. 重大事故

C. 较大事故　　　　　　　　　　　D. 一般事故

【答案】D

【解析】一般事故，是指造成3人以下死亡，或者10人以下重伤，或者100万元以上1000万元以下直接经济损失的事故。

（3）多选题

① 环境条件是指对工程质量特性起重要作用的环境因素，主要包括（　　　）。

A. 施工现场自然环境因素　　　　　B. 施工质量管理环境因素

C. 施工水文地质因素　　　　　　　D. 施工安全管理因素

E. 施工作业环境因素

【答案】ABE

【解析】环境条件是指对工程质量特性起重要作用的环境因素，主要包括施工现场自然环境因素、施工质量管理环境因素和施工作业环境因素。

② 施工质量事故处理的基本方法有（　　　）。

A. 修补处理　　　B. 加固处理　　　C. 返工处理　　　D. 限期整改

E. 报废处理

【答案】ABCE

【解析】施工质量事故处理的基本方法有：修补处理、加固处理、返工处理、报废处理等。

第五章 施工安全与文明施工管理

一、判断题

1. 深基坑指开挖深度超过 5m 的沟槽和基坑。

【答案】错误

【解析】深基坑指开挖深度超过 5m 的沟槽和基坑，或深度虽未超过 5m，但沟槽和基坑开挖影响范围内有重要建筑物、住宅楼或有需要严加保护的市政管线的基坑。

2. 脚手架用钢管在施工前必须涂防锈漆，作为支架用时严禁打孔。

【答案】正确

【解析】脚手架用钢管在施工前必须涂防锈漆，作为支架用时严禁打孔。

3. 密目安全网只准做立网使用。

【答案】正确

【解析】密目安全网只准做立网使用。

4. 大雾、大雨、雪天和六级以上的大风时，不得进行脚手架作业。

【答案】错误

【解析】大雾、大雨、雪天和六级以上的大风时，不得进行脚手架上的高处作业。

5. 基础及地下工程模板安装，槽上口边沿 1.5m 以内不得堆放模板及材料。

【答案】错误

【解析】基础及地下工程模板安装，槽上口边沿 1m 以内不得堆放模板及材料。

6. 5 级以上大风天气不能进行大模板拼装和吊装作业。

【答案】错误

【解析】5 级以上大风天气不宜进行大模板拼装和吊装作业。

7. 当风力 5 级时，不允许吊装作业。

【答案】错误

【解析】当风力 5 级时，仅允许吊装 10m 及以下模板和构件。

8. 施工中，项目部应派专人对地下管线进行现场监护，必要时请建设单位派员现场监护和指导。

【答案】错误

【解析】施工中，项目部应派专人对地下管线进行现场监护，必要时请管理单位派员现场监护和指导。

9. 千斤顶的后面严禁站人，作业人员应站在千斤顶的对面或两侧。

【答案】错误

【解析】千斤顶的对面及后面严禁站人，作业人员应站在千斤顶的两侧。

10. 隧道、地下工程电源电压不大于 12V。

【答案】错误

【解析】隧道、地下工程电源电压不大于 36V。

11. 在潮湿和易触及带电体的场所作业电源电压不得大于 24V。

【答案】正确

【解析】在潮湿和易触及带电体的场所作业电源电压不得大于 24V。

12. 金属容器等密闭空间内照明电源电压采用 24V。

【答案】错误

【解析】金属容器等密闭空间内照明电源电压采用 12V。

13. 凡在坠落高度基准面 3m 以上有可能坠落的高处进行的作业均称为高处作业。

【答案】错误

【解析】凡在坠落高度基准面 2m 以上有可能坠落的高处进行的作业均称为高处作业。

14. 施工单位应当设立安全生产管理机构，配备兼职安全生产管理人员。

【答案】错误

【解析】施工单位应当设立安全生产管理机构，配备专职安全生产管理人员。

15. 项目职业健康安全教育培训率应实现 100%。

【答案】正确

【解析】项目职业健康安全教育培训率应实现 100%。

16. 伤亡事故处理工作应当在 90 日内结案，特殊情况不得超过 180 日。

【答案】正确

【解析】伤亡事故处理工作应当在 90 日内结案，特殊情况不得超过 180 日。

17. 市区主要路段设置的围挡，其高度不得低于 2m。

【答案】错误

【解析】市区主要路段设置的围挡，其高度不得低于 2.5m。

18. 施工现场未经处理的废水不得直接排入市政雨污水管网。

【答案】正确

【解析】施工现场未经处理的废水不得直接排入市政雨污水管网。

二、单选题

1. 高度超过（　　）m 的模板支护工程属于超高跨、超重、大跨度模板支护工程。

A. 5
B. 8
C. 10
D. 20

【答案】B

【解析】高度超过 8m 的模板支护工程属于超高跨、超重、大跨度模板支护工程。

2. 下列选项中，属于状态属性的不安全状态的是（　　）。

A. 现场周边围挡防护
B. 高处作业
C. 现场场地和障碍物
D. 临建和施工设施

【答案】B

【解析】属于状态属性的不安全状态的是高处作业。

3. 下列关于脚手架材质的要求，说法错误的是（　　）。

A. 脚手架用钢管应采用外径不小于 48mm 的钢管
B. 钢管的壁厚不小于 3.5mm

C. 必须选用无锈蚀的钢管

D. 钢管不允许有裂纹

【答案】C

【解析】脚手架材质的要求中，钢管应无严重锈蚀。

4. 关于脚手架材质的说法错误的有（　　）。

A. 脚手架杆件不得钢木混搭　　　　　　B. 扣件可采用锻造铸铁制作

C. 不得使用镀锌钢丝和其他材料绑扎　　D. 每块脚手板的重量不得大于20kg

【答案】D

【解析】每块脚手板的重量不宜大于30kg。

5. 模板或成材的堆垛高一般不高于（　　）m。

A. 1.2　　　　　　　　　　　　　　　　B. 1.5

C. 1.8　　　　　　　　　　　　　　　　D. 2.0

【答案】C

【解析】模板或成材的堆垛高一般不高于1.8m。

6. 基础及地下工程模板安装，槽上口边沿（　　）m以内不得堆放模板及材料。

A. 1.0　　　　　　　　　　　　　　　　B. 1.5

C. 1.8　　　　　　　　　　　　　　　　D. 2.0

【答案】A

【解析】基础及地下工程模板安装，槽上口边沿1m以内不得堆放模板及材料。

7. 高处作业工程模板安装，作业高度在（　　）m及以上时就按照高处作业安全技术规范的要求进行操作和防护。

A. 1.0　　　　　　　　　　　　　　　　B. 1.5

C. 1.8　　　　　　　　　　　　　　　　D. 2.0

【答案】D

【解析】高处作业工程模板安装，作业高度在2m及以上时就按照高处作业安全技术规范的要求进行操作和防护。

8. 高处作业工程模板安装，在（　　）m及二层以上操作时周围应设安全网、防护栏杆。

A. 2　　　　　　　　　　　　　　　　　B. 3

C. 4　　　　　　　　　　　　　　　　　D. 5

【答案】C

【解析】高处作业工程模板安装，在4m及二层以上操作时周围应设安全网、防护栏杆。

9. 当风力5级时，仅允许吊装（　　）m及以下模板和构件。

A. 5　　　　　　　　　　　　　　　　　B. 10

C. 15　　　　　　　　　　　　　　　　D. 20

【答案】B

【解析】当风力5级时，仅允许吊装10m及以下模板和构件。

10. 下列关于模板工程的说法中错误的是（　　）。

A. 模板或成材的堆垛高一般不高于 1.8m

B. 场地的设置应避开高压线路

C. 模板施工前项目技术负责人应向有关作业人员进行安全交底

D. 在支架模板上施工作业时堆物不宜过多

【答案】C

【解析】模板施工前，现场施工负责人应向有关作业人员进行安全交底。

11. 施工中，项目部应派专人对地下管线进行现场监护，必要时请（   ）派员现场监护和指导。

A. 项目经理   B. 项目技术负责人

C. 现场监理   D. 管理单位

【答案】D

【解析】施工中，项目部应派专人对地下管线进行现场监护，必要时请管理单位派员现场监护和指导。

12. 桩机和吊机顶部上方（   ）m 范围内不准有任何架空障碍物，如有架空线路必须采取相应安全技术保护措施。

A. 1   B. 2

C. 3   D. 4

【答案】B

【解析】桩机和吊机顶部上方 2m 范围内不准有任何架空障碍物，如有架空线路必须采取相应安全技术保护措施。

13. 深度超过（   ）m 的基坑应设置密目式安全网做封闭式防护。

A. 2   B. 3

C. 5   D. 8

【答案】A

【解析】深度超过 2m 的基坑应设置密目式安全网做封闭式防护。

14. 临边护栏与基坑边的距离不小于（   ）m。

A. 0.3   B. 0.5

C. 0.8   D. 1.0

【答案】B

【解析】临边护栏与基坑边的距离不小于 50cm。

15. 起吊时，离地（   ）m 后暂停，经检查安全可靠后，方可继续起吊。

A. 0.2～0.3   B. 0.3～0.4

C. 0.4～0.5   D. 0.5～0.6

【答案】A

【解析】起吊时，离地 0.2～0.3m 后暂停，经检查安全可靠后，方可继续起吊。

16. 单导梁组安装时，各节点应连接牢固，在桥跨中推进时，悬臂部分不得超过已拼好导梁全长度的（   ）。

A. 1/2   B. 1/3

C. 1/4   D. 1/4

【答案】B

【解析】单导梁组安装时，各节点应连接牢固，在桥跨中推进时，悬臂部分不得超过已拼好导梁全长度的 1/3。

17. 起重机如需负载移动时，载荷不得超过允许起重量的（　　）。

A. 60%
B. 70%
C. 80%
D. 90%

【答案】B

【解析】起重机如需负载移动时，载荷不得超过允许起重量的 70%。

18. 隧道、地下工程电源电压不大于（　　）V。

A. 12
B. 24
C. 36
D. 120

【答案】C

【解析】隧道、地下工程电源电压不大于 36V。

19. 金属容器等密闭空间内照明电源电压采用（　　）V。

A. 12
B. 24
C. 36
D. 120

【答案】A

【解析】金属容器等密闭空间内照明电源电压采用 12V。

20. 凡在坠落高度基准面（　　）m 以上有可能坠落的高处进行的作业均称为高处作业。

A. 2
B. 3
C. 4
D. 5

【答案】B

【解析】凡在坠落高度基准面 2m 以上有可能坠落的高处进行的作业均称为高处作业。

21. 项目工程安全生产第一责任人是（　　）。

A. 项目生产负责人
B. 项目负责人
C. 安全生产管理人员
D. 总监理工程师

【答案】B

【解析】项目负责人是项目工程安全生产第一责任人，对项目生产安全负全面领导责任。

22. 所管辖区域范围内安全生产第一负责人是（　　）。

A. 项目技术负责人
B. 项目负责人
C. 安全生产管理人员
D. 施工员

【答案】D

【解析】施工员是所管辖区域范围内安全生产第一负责人。

23. 土木工程、线路工程、设备安装工程安装合同价配备专职安全员。5000 万元以下的工程不少于（　　）个。

A. 1
B. 2
C. 3
D. 4

【答案】 A

【解析】 土木工程、线路工程、设备安装工程安装合同价配备专职安全员。5000万元以下的工程不少于1个。

24. 土木工程、线路工程、设备安装工程安装合同价配备专职安全员。5000万～1亿元的工程不少于（　　）个。

A. 1　　　　　　　　　　　　　　B. 2

C. 3　　　　　　　　　　　　　　D. 4

【答案】 B

【解析】 土木工程、线路工程、设备安装工程安装合同价配备专职安全员。5000万～1亿元的工程不少于2个。

25. 土木工程、线路工程、设备安装工程安装合同价配备专职安全员。1亿元以上的工程不少于（　　）个。

A. 1　　　　　　　　　　　　　　B. 2

C. 3　　　　　　　　　　　　　　D. 4

【答案】 C

【解析】 土木工程、线路工程、设备安装工程安装合同价配备专职安全员。1亿元以上的工程不少于3个。

26. 分包单位安全员的配备，专业分包至少（　　）人。

A. 1　　　　　　　　　　　　　　B. 2

C. 3　　　　　　　　　　　　　　D. 4

【答案】 A

【解析】 分包单位安全员的配备，专业分包至少1人。

27. 分包单位安全员的配备，劳务分包的工程50～200人的至少（　　）人。

A. 1　　　　　　　　　　　　　　B. 2

C. 3　　　　　　　　　　　　　　D. 4

【答案】 B

【解析】 分包单位安全员的配备，劳务分包的工程50～200人的至少2人。

28. 三级安全教育指（　　）。

A. 公司、项目、个人　　　　　　　　B. 公司、项目、班组

C. 项目、班组、个人　　　　　　　　D. 公司、班组、个人

【答案】 B

【解析】 三级安全教育是指公司、项目、作业班组三级安全教育。

29. 下列选项中，不属于项目部安全检查形式的是（　　）。

A. 定期检查　　　　　　　　　　　　B. 不定期检查

C. 日常性检查　　　　　　　　　　　D. 专项检查

【答案】 B

【解析】 项目部安全检查可分为定期检查、日常性检查、专项检查、季节性检查等多种形式。

30. 下列选项中，不属于安全管理检查评分中的保证项目的是（　　）。

A. 安全生产责任制   B. 安全技术交底
C. 安全检查   D. 生产安全事故处理

【答案】D

【解析】生产安全事故处理不属于安全管理检查评分中的保证项目。

31. 下列选项中，不属于安全管理检查评分中的一般项目的是（   ）。
A. 分包单位安全管理   B. 安全检查
C. 生产安全事故处理   D. 安全标志

【答案】B

【解析】不属于安全管理检查评分中的一般项目的是安全检查。

32. 市区主要路段的工地设置的围挡，其高度不得低于（   ）m。
A. 1.5   B. 1.8
C. 2.0   D. 2.5

【答案】D

【解析】市区主要路段的工地设置的围挡，其高度不得低于2.5m。

33. 现场可燃材料堆场及其加工场与周围临时设施防火间距为（   ）m。
A. 12   B. 15
C. 17   D. 20

【答案】C

【解析】现场可燃材料堆场及其加工场与周围临时设施防火间距为17m。

34. 易燃易爆危险品库房与周围临时设施防火间距为（   ）m。
A. 12   B. 15
C. 17   D. 20

【答案】A

【解析】易燃易爆危险品库房与周围临时设施防火间距为12m。

35. 施工现场噪声规定不超过（   ）dB。
A. 55   B. 65
C. 75   D. 85

【答案】D

【解析】施工现场噪声规定不超过85dB。

36. 施工现场存放油料和化学溶剂等物品的库房，地面应做（   ）处理。
A. 防潮   B. 防渗
C. 防火   D. 干燥

【答案】B

【解析】施工现场存放油料和化学溶剂等物品的库房，地面应做防渗处理。

37. 施工现场的昼间噪声应不超过（   ）dB。
A. 55   B. 60
C. 65   D. 70

【答案】D

【解析】施工现场的昼间噪声应不超过70dB。

38. 施工现场的夜间噪声应不超过（　　）dB。

A. 55 B. 60

C. 65 D. 70

【答案】A

【解析】施工现场的夜间噪声应不超过 55dB。

39. 施工作业时间为（　　）

A. 早 6～晚 21 点 B. 早 6～晚 22 点

C. 早 7～晚 21 点 D. 早 7～晚 22 点

【答案】B

【解析】严格控制作业时间，晚间作业不超过 22 时，早晨作业不早于 6 时。

三、多选题

1. 市政施工的"五大伤害"包括（　　）。

A. 高空坠落事故 B. 触电伤害事故

C. 物体打击事故 D. 机械伤害事故

E. 中毒

【答案】ABCD

【解析】市政施工的"五大伤害"包括：高空坠落事故、触电伤害事故、物体打击事故、机械伤害事故、施工坍塌事故。

2. 脚手架工程包括（　　）。

A. 搭设高度在 10m 以上的落地式脚手架

B. 搭设高度在 20m 以上的落地式脚手架

C. 悬挑脚手架

D. 高度在 6.5m 以上的满堂红脚手架

E. 附着式整体提升脚手架

【答案】BCE

【解析】脚手架工程包括：搭设高度在 20m 以上的落地式脚手架；悬挑脚手架；高度在 6.5m 以上、均布荷载大于 $3kN/m^2$ 的满堂红脚手架；附着式整体提升脚手架。

3. 市政工程施工安全方面所说的"五临边"是指（　　）。

A. 基坑四周临边 B. 墩台临边

C. 桥面板临边 D. 脚手架临边

E. 构筑物平台临边

【答案】ABCE

【解析】市政工程施工安全方面所说的"五临边"指的是：基坑四周临边、墩台临边、桥面板临边、构筑物平台临边、栈桥栈道临边。

4. 场地属性的不安全状态包括（　　）。

A. 现场周边围挡防护 B. 临时建筑

C. 现场场地和障碍物 D. 临建和施工设施

E. 洞口和临边防护设施

【答案】ACDE

【解析】场地属性的不安全状态包括：现场周边围挡防护、现场场地和障碍物、临建和施工设施、洞口和临边防护设施等。

5. 下列关于脚手架用钢管的说法中正确的有（　　　）。

A. 脚手架用钢管应采用外径不小于 48mm 的钢管

B. 钢管的壁厚不小于 3.5mm

C. 必须选用无锈蚀的钢管

D. 钢管不允许有裂纹

E. 施工前必须涂防锈漆

【答案】ABDE

【解析】脚手架材质的要求中，钢管应无严重锈蚀。

6. 在脚手架使用过程中，应定期对脚手架及其地基基础进行检查和维护。特别是下列情况下，必须进行检查（　　　）。

A. 作业层上施工加荷载前　　　　　　B. 遇大雨或六级大风后

C. 寒冷地区开冻后　　　　　　　　　D. 停用时间超过三个月

E. 有倾斜、下沉等现场时

【答案】ABCE

【解析】停用时间超过一个月。

7. 下列关于模板工程的说法中正确的有（　　　）。

A. 模板或成材的堆垛高一般不高于 1.8m

B. 场地的设置应避开高压线路

C. 模板施工前项目技术负责人应向有关作业人员进行安全交底

D. 在支架模板上施工作业时严禁堆放物品

E. 雨期施工时的高耸结构的模板作业要安装避雷设施

【答案】ABE

【解析】模板施工前，现场施工负责人应向有关作业人员进行安全交底；在支架模板上施工作业时，堆物不宜过多，不宜集中一处。

8. 大模板施工时，应当遵守的安全规定有（　　　）。

A. 大模板放置时，堆放场地应事先进行平整和硬化处理

B. 模板的叠放和运输时，垫木应上下错开，绑扎牢固

C. 模板运输时车上严禁坐人

D. 大模板应设操作平台

E. 当风力 5 级时，不允许吊装作业

【答案】ACD

【解析】模板的叠放和运输时，垫木应上下对齐，绑扎牢固；当风力 5 级时，仅允许吊装 10m 及以下模板和构件。

9. 安全教育与培训的主要形式有（　　　）。

A. 三级安全教育　　　　　　　　　　B. 专场安全教育

C. 变换工种安全教育　　　　　　　　D. 特种作业安全教育

E. 持证上岗安全教育

【答案】ABCD

【解析】安全教育与培训的主要形式有：三级安全教育、专场安全教育、变换工种安全教育、特种作业安全教育等。

10. 现场施工安全管理制度主要包括（　　）。

A. 安全生产安全保证制度
B. 安全生产资金保障制度
C. 安全生产值班制度
D. 安全生产例会制度
E. 安全生产检查制度

【答案】BCDE

【解析】现场施工安全管理制度主要包括：安全生产资金保障制度、安全生产值班制度、安全生产例会制度、安全生产检查制度等。

11. 项目部安全检查的形式有（　　）。

A. 定期检查
B. 不定期检查
C. 日常性检查
D. 专项检查
E. 季节性检查

【答案】ACDE

【解析】项目部安全检查可分为定期检查、日常性检查、专项检查、季节性检查等多种形式。

12. 安全管理检查评分中的一般项目包括（　　）。

A. 分包单位安全管理
B. 应急救援
C. 安全检查
D. 生产安全事故处理
E. 安全标志

【答案】ADE

【解析】安全管理检查评分中的一般项目包括：分包单位安全管理、生产安全事故处理、安全标志等。

13. 造成安全事故的主要原因有（　　）。

A. 施工环境的影响
B. 施工人员操作行为的影响
C. 缺乏有效管理
D. 机械设备维护不当
E. 施工难度大

【答案】ABCD

【解析】造成安全事故的主要原因有：施工环境的影响、施工人员操作行为的影响、缺乏有效管理、机械设备维护不当等。

14. 施工现场必须设置文明施工铭牌，其内容一般包括（　　）。

A. 工程名称
B. 施工范围
C. 企业法人
D. 建设单位
E. 竣工日期

【答案】ABDE

【解析】施工现场必须设置文明施工铭牌，其内容一般包括：工程名称、施工范围、建设单位、竣工日期等。

15. 施工现场的进口处的内侧应设置整齐明显的"五牌一图",五牌指（　　）。

A. 工程概况牌　　　　　　　　　　B. 项目主要管理人员名单牌

C. 安全生产纪律牌　　　　　　　　D. 防火安全须知牌

E. 投诉电话牌

【答案】ABCD

【解析】施工现场的进口处的内侧应设置整齐明显的"五牌一图"。五牌指：工程概况牌、项目主要管理人员名单牌、安全生产无重大事故计数牌、安全生产纪律牌、防火安全须知牌。

四、案例题

1. 背景资料：某构筑物工程在施工前，项目经理部为了保证安全，编制了施工方案，设立安全生产管理机构，配备了兼职安全员，施工人员进场后，进行了三级教育。拟建构筑物周边有市政专业管线，为了防止安全隐患的出现，在深基坑开挖时采取了防坍塌措施。

（1）判断题

① 深基坑指开挖深度超过 5m 的沟槽和基坑，或深度虽未超过 5m，但沟槽和基坑开挖影响范围内有重要建筑物、住宅楼或有需要严加保护的市政管线的基坑。

【答案】正确

【解析】深基坑指开挖深度超过 5m 的沟槽和基坑，或深度虽未超过 5m，但沟槽和基坑开挖影响范围内有重要建筑物、住宅楼或有需要严加保护的市政管线的基坑。

② 施工单位应当设立安全生产管理机构，配备兼职安全生产管理人员。

【答案】错误

【解析】施工单位应当设立安全生产管理机构，配备专职安全生产管理人员。

（2）单选题

① 施工中，项目部应派专人对地下管线进行现场监护，必要时请（　　）派员现场监护和指导。

A. 项目经理　　　　　　　　　　　B. 项目技术负责人

C. 现场监理　　　　　　　　　　　D. 管理单位

【答案】D

【解析】施工中，项目部应派专人对地下管线进行现场监护，必要时请管理单位派员现场监护和指导。

② 深度超过（　　）m 的基坑应设置密目式安全网做封闭式防护。

A. 2　　　　　　B. 3　　　　　　C. 5　　　　　　D. 8

【答案】A

【解析】深度超过 2m 的基坑应设置密目式安全网做封闭式防护。

（3）多选题

① 三级安全教育指（　　）。

A. 公司　　　　　　B. 项目　　　　　　C. 作业班组　　　　　　D. 个人

E. 劳务队

【解析】三级安全教育是指公司、项目、作业班组三级安全教育。

② 深基坑工程施工的主要危害为（　　　）。

A. 高处坠落　　　　B. 触电伤害　　　　C. 物体打击　　　　D. 机械伤害

E. 坍塌

【解析】深基坑工程施工的主要危害为坍塌、高处坠落、物体打击。

第六章 项目成本管理

一、判断题

1. 施工项目成本管理目的是在保证工程质量、安全、工期等合同要求的前提下，为企业获得最大的经济利益。

【答案】错误

【解析】施工项目成本管理目的是在保证工程质量、安全、工期等合同要求的前提下，为企业获得应有的经济利益。

2. 在施工项目成本的构成中，材料设备成本占项目成本的比例最大，一般情况下达到50%～60%左右。

【答案】错误

【解析】在施工项目成本的构成中，材料设备成本占项目成本的比例最大，一般情况下达到60%～70%左右。

3. 填土土方指可利用的土方，包括耕植土、流砂、淤泥等。

【答案】错误

【解析】填土土方指可利用的土方，不包括耕植土、流砂、淤泥等。

4. 工程量清单应采用综合单价计价。

【答案】正确

【解析】工程量清单应采用综合单价计价。

5. 比较是施工成本控制中最具有实质性的步骤。

【答案】错误

【解析】纠偏是施工成本控制中最具有实质性的步骤。

二、单选题

1. （   ）工作通常由企业和项目部共同完成，属于企业与项目部经营指标签约的基础工作。

A. 成本预测　　　　　　　　　　　B. 成本计划

C. 成本实施　　　　　　　　　　　D. 成本控制与调整

【答案】A

【解析】成本预测工作通常由企业和项目部共同完成，属于企业与项目部经营指标签约的基础工作。

2. 施工项目（   ）是项目部成本决策与编制计划的依据。

A. 成本预测　　　　　　　　　　　B. 成本计划

C. 成本实施　　　　　　　　　　　D. 成本控制与调整

【答案】A

【解析】施工项目成本预测是项目部成本决策与编制计划的依据。

3. 项目部管理人员的工资属于（　　）。

A. 人工费 　　　　　　　　　B. 直接成本

C. 其他直接费 　　　　　　　 D. 间接成本

【答案】D

【解析】项目部管理人员的工资属于间接成本。

4. 直接从事施工作业人员的工资属于（　　）。

A. 人工费 　　　　　　　　　B. 直接成本

C. 其他直接费 　　　　　　　 D. 间接成本

【答案】A

【解析】直接从事施工作业人员的工资属于人工费。

5. 在施工项目成本的构成中，材料设备成本占项目成本的比例最大，一般情况下达到（　　）左右。

A. 40%～50% 　　　　　　　 B. 50%～60%

C. 60%～70% 　　　　　　　 D. 70%～80%

【答案】C

【解析】在施工项目成本的构成中，材料设备成本占项目成本的比例最大，一般情况下达到60%～70%左右。

6. 下列选项中，不属于施工成本控制的依据的是（　　）。

A. 工程承包合同 　　　　　　 B. 施工成本计划

C. 进度和施工统计报告 　　　 D. 施工工艺

【答案】D

【解析】施工成本控制的依据包括：工程承包合同、施工成本计划、进度和施工统计报告、工程变更等。

7. 施工成本控制的原则不包括（　　）。

A. 成本最低化原则 　　　　　 B. 全面成本控制原则

C. 动态控制原则 　　　　　　 D. 项目负责人负责原则

【答案】D

【解析】施工成本控制的原则包括：成本最低化原则，全面成本控制原则，动态控制原则，目标管理原则，责、权、利相结合原则。

8. 控制（　　）是施工成本控制的主要内容，对实现目标成本具有决定性的作用。

A. 材料费用 　　　　　　　　 B. 机械费用

C. 人工费用 　　　　　　　　 D. 用工数量

【答案】D

【解析】控制用工数量是施工成本控制的主要内容，对实现目标成本具有决定性的作用。

9. 施工成本控制中最具有实质性的步骤是（　　）。

A. 比较 　　　　　　　　　　 B. 分析

C. 预测 　　　　　　　　　　 D. 纠偏

【答案】D

【解析】纠偏是施工成本控制中最具有实质性的步骤。

10. 项目成本管理的第一责任人是（　　　）。

A. 项目负责人　　　　　　　　　　B. 项目技术负责人

C. 项目监理工程师　　　　　　　　D. 总监理工程师

【答案】A

【解析】项目负责人是项目成本管理的第一责任人。

三、多选题

1. 施工项目成本是指在工程项目的施工过程中所发生的全部生产费用的总和，主要由（　　　）构成。

A. 直接成本　　　　　　　　　　　B. 间接成本

C. 规费　　　　　　　　　　　　　D. 税金

E. 总成本

【答案】ABD

【解析】施工项目成本是指在工程项目的施工过程中所发生的全部生产费用的总和，主要由直接成本、间接成本和税金构成。

2. 施工项目成本中的直接成本包括（　　　）。

A. 人工费　　　　　　　　　　　　B. 材料费

C. 机械使用费　　　　　　　　　　D. 工程排污费

E. 税金

【答案】ABC

【解析】施工项目成本中的直接成本包括人工费、材料费、机械使用费、其他直接费。

3. 施工项目直接成本中的其他直接费包括（　　　）。

A. 临时设施费　　　　　　　　　　B. 检测试验费

C. 二次搬运费　　　　　　　　　　D. 工程排污费

E. 社会保障费

【答案】ABC

【解析】施工项目直接成本中的其他直接费包括临时设施费、检测试验费、二次搬运费。

4. 工程量清单计价应按招标文件或施工合同规定，完成工程量清单所列项目的全部费用，包括（　　　）。

A. 直接费　　　　　　　　　　　　B. 间接费

C. 措施项目费　　　　　　　　　　D. 其他项目费

E. 税金

【答案】CDE

【解析】工程量清单计价应按招标文件或施工合同规定，完成工程量清单所列项目的全部费用，包括分部分项工程费、措施项目费、其他项目费、规费和税金。

5. 施工成本控制的依据包括（　　　）。

A. 工程承包合同　　　　　　　　　B. 施工成本计划

C. 进度和施工统计报告　　　　　D. 施工工艺

E. 工程变更

【答案】ABCE

【解析】施工成本控制的依据包括：工程承包合同、施工成本计划、进度和施工统计报告、工程变更等。

6. 施工成本控制的原则包括（　　　）。

A. 成本最低化原则　　　　　　　B. 全面成本控制原则

C. 动态控制原则　　　　　　　　D. 项目负责人负责原则

E. 目标管理原则

【答案】ABCE

【解析】施工成本控制的原则包括：成本最低化原则，全面成本控制原则，动态控制原则，目标管理原则，责、权、利相结合原则。

7. 纠偏是施工成本控制中最具有实质性的步骤，纠偏可采用（　　　）。

A. 组织措施　　　　　　　　　　B. 经济措施

C. 技术措施　　　　　　　　　　D. 人员措施

E. 合同措施

【答案】ABCE

【解析】纠偏是施工成本控制中最具有实质性的步骤，纠偏可采用组织措施、经济措施、技术措施和合同措施等。

8. 施工成本控制的措施有（　　　）。

A. 组织措施　　　　　　　　　　B. 经济措施

C. 技术措施　　　　　　　　　　D. 人员措施

E. 合同措施

【答案】ABCE

【解析】施工成本控制的措施有组织措施、经济措施、技术措施和合同措施。

9. 对偏差进行分析的常用方法有（　　　）。

A. 挣值法　　　　　　　　　　　B. 横道图法

C. 表格法　　　　　　　　　　　D. 期望值法

E. 曲线法

【答案】ABCE

【解析】对偏差进行的分析常用的有挣值法、横道图法、表格法和曲线法。

四、案例题

1. 背景资料：施工单位中标某市政城市管道工程后，组织商务人员进行了施工项目成本分析，发现材料设备成本占项目成本的比例最大。施工单位进行土方工程施工时，需挖土和回填。

（1）判断题

① 在施工项目成本的构成中，材料设备成本占项目成本的比例最大，一般情况下达到 60%～70% 左右。

【答案】正确

【解析】在施工项目成本的构成中，材料设备成本占项目成本的比例最大，一般情况下达到 60%~70% 左右。

② 填土土方指可利用的土方，包括耕植土、流砂、淤泥等。

【答案】错误

【解析】填土土方指可利用的土方，不包括耕植土、流砂、淤泥等。

（2）单选题

① 项目部管理人员的工资属于（　　）。

A. 人工费　　　　　　　　　　　　B. 直接成本

C. 其他直接费　　　　　　　　　　D. 间接成本

【答案】D

【解析】项目部管理人员的工资属于间接成本。

② 直接从事施工作业人员的工资属于（　　）。

A. 人工费　　　　　　　　　　　　B. 直接成本

C. 其他直接费　　　　　　　　　　D. 间接成本

【答案】A

【解析】直接从事施工作业人员的工资属于人工费。

（3）多选题

① 施工项目成本是指在工程项目的施工过程中所发生的全部生产费用的总和，主要由（　　）构成。

A. 直接成本　　　　　　　　　　　B. 间接成本

C. 规费　　　　　　　　　　　　　D. 税金

E. 总成本

【答案】ABD

【解析】施工项目成本是指在工程项目的施工过程中所发生的全部生产费用的总和，主要由直接成本、间接成本和税金构成。

② 施工项目成本中的直接成本包括（　　）。

A. 人工费　　　　　　　　　　　　B. 材料费

C. 机械使用费　　　　　　　　　　D. 工程排污费

E. 税金

【答案】ABC

【解析】施工项目成本中的直接成本包括人工费、材料费、机械使用费、其他直接费。

第七章 市政工程预算基本知识

一、判断题

1. 公共照明工程属于市政工程。

【答案】正确

【解析】公共照明工程属于市政工程。

2. 施工定额是施工单位在生产经营中允许的最高标准。

【答案】错误

【解析】预算定额是施工单位在生产经营中允许的最高标准。

3. 施工图纸是编制预算的主要依据，经批准的初步设计概算书，是工程投资的最优价。

【答案】错误

【解析】施工图纸是编制预算的主要依据，经批准的初步设计概算书，是工程投资的最高限价。

4. 实物法和单价法在编制步骤上的最大区别在于计算人工费、材料费和施工机械使用费这三种费用之和的方法不同。

【答案】正确

【解析】实物法和单价法在编制步骤上的最大区别在于中间步骤，也就是计算人工费、材料费和施工机械使用费这三种费用之和的方法不同。

5. 工程量清单计价的合同价款的调整方式包括变更签证和政策性调整等。

【答案】错误

【解析】工程量清单计价的合同价款的调整方式主要是索赔。

6. 规费中的安全文明施工费必须按国家或省级、行业建设主管部门的规定计算，不得作为竞争性费用。

【答案】错误

【解析】措施项目中的安全文明施工费必须按国家或省级、行业建设主管部门的规定计算，不得作为竞争性费用。

二、单选题

1. 下列选项中，不属于构成市政工程施工造价费用的是（　　）。

A. 直接费
B. 间接费
C. 利润
D. 分部分项工程费

【答案】D

【解析】市政工程施工造价费用主要由直接费、间接费、利润和税金组成。

2. 为完成工程项目施工，发生于该工程施工前和施工过程中非工程实体项目的费用是（　　）。

A. 企业管理费   B. 直接工程费

C. 措施费   D. 规费

【答案】C

【解析】措施费是指为完成工程项目施工，发生于该工程施工前和施工过程中非工程实体项目的费用。

3. 以下不属于规费的是（   ）。

A. 社会保障费   B. 住房公积金

C. 工程排污费   D. 劳动保险费

【答案】D

【解析】规费包括：社会保险费、住房公积金、危险作业意外伤害保险、工伤保险、工程定额测定费等。

4. 政府和有关权力部门规定必须缴纳的费用是指（   ）。

A. 直接费   B. 措施费

C. 规费   D. 企业管理费

【答案】C

【解析】规费是指政府和有关权力部门规定必须缴纳的费用。

5. 管理人员的基本工资属于（   ）。

A. 直接费   B. 直接人工费

C. 措施费   D. 企业管理费

【答案】D

【解析】管理人员的基本工资属于企业管理费。

6. 技术转让费属于（   ）。

A. 直接费   B. 材料费

C. 措施费   D. 企业管理费

【答案】D

【解析】技术转让费属于企业管理费。

7. 市政工程造价主要具有的计价特征不包括（   ）。

A. 单件性计价   B. 周期性计价

C. 多次性计价   D. 综合性计价

【答案】B

【解析】市政工程造价主要具有的计价特征有：单件性计价、多次性计价、综合性计价。

8. 在计算概算造价和预算造价时尤为明显的市政工程造价的计价特征是（   ）。

A. 单件性计价   B. 周期性计价

C. 多次性计价   D. 综合性计价

【答案】D

【解析】综合性计价在计算概算造价和预算造价时尤为明显。

9. 下列选项中，不属于市政工程造价的计价依据的是（   ）。

A. 计算设备和工程量依据

B. 计算人工材料机械等实物消耗量依据

C. 计算工程量单价的价格依据

D. 计算直接费和工程建设其他费用的依据

【答案】D

【解析】计算直接费和工程建设其他费用的依据不属于市政工程造价的计价依据。

10.（   ）是以同一性质的施工过程或工序为测定对象，确定工人在正常施工条件下，为完成单位合格产品所需劳动、机械和材料消耗的数量标准。

A. 清单计价   B. 施工定额

C. 劳动定额   D. 预算定额

【答案】B

【解析】施工定额是以同一性质的施工过程或工序为测定对象，确定工人在正常施工条件下，为完成单位合格产品所需劳动、机械和材料消耗的数量标准。

11. 下列选项中，不属于施工定额的作用的是（   ）。

A. 是施工企业编制施工预算的基础

B. 是编制施工组织设计的基础

C. 是编制预算定额的基础

D. 是工程建设中一项重要的技术经济规划

【答案】D

【解析】施工定额的作用包括：是施工企业编制施工预算的基础；是编制施工组织设计的基础；是编制预算定额的基础。

12. 计算市政工程产品价格的基础是（   ）。

A. 清单计价   B. 施工定额

C. 劳动定额   D. 预算定额

【答案】D

【解析】预算定额是计算市政工程产品价格的基础。

13.（   ）起着控制市政工程产品价格的作用。

A. 清单计价   B. 施工定额

C. 劳动定额   D. 预算定额

【答案】D

【解析】预算定额起着控制市政工程产品价格的作用。

14. 施工图预算编制的关键在于编好（   ）施工图预算。

A. 单位工程   B. 单项工程

C. 分部分项工程   D. 建设项目

【答案】A

【解析】施工图预算编制的关键在于编好单位工程施工图预算。

15. 使用国有资金投资的建设工程发承包，必须采用（   ）计价。

A. 施工定额   B. 预算定额

C. 概算定额   D. 工程量清单

【答案】D

【解析】使用国有资金投资的建设工程发承包，必须采用工程量清单计价。

三、多选题

1. 市政工程施工造价费用主要由（　　）组成。

A. 直接费　　　　　　　　　　　　　B. 间接费

C. 利润　　　　　　　　　　　　　　D. 分部分项工程费

E. 税金

【答案】ABCE

【解析】市政工程施工造价费用主要由直接费、间接费、利润和税金组成。

2. 下列属于措施费的是（　　）。

A. 环境保护费　　　　　　　　　　　B. 文明施工费

C. 安全施工费　　　　　　　　　　　D. 临时施工费

E. 劳动保险费

【答案】ABCD

【解析】劳动保险费不属于措施费。

3. 间接费的计算方法按取费基数的不同可以分为（　　）。

A. 以直接费为计算基础　　　　　　　B. 以措施费为计算基础

C. 以人工费为计算基础　　　　　　　D. 以人工费和机械费合计为计算基础

E. 以规费为计算基础

【答案】ACD

【解析】间接费的计算方法按取费基数的不同分为：以直接费为计算基础、以人工费和机械费合计为计算基础、以人工费为计算基础。

4. 市政工程造价主要具有的计价特征有（　　）。

A. 单件性计价　　　　　　　　　　　B. 周期性计价

C. 多次性计价　　　　　　　　　　　D. 综合性计价

E. 规模性计价

【答案】ACD

【解析】市政工程造价主要具有的计价特征有：单件性计价、多次性计价、综合性计价。

5. 市政工程计价方法具有多样性特征。计算和确定概、预算造价的方法包括（　　）。

A. 单价法　　　　　　　　　　　　　B. 设备系数法

C. 实物法　　　　　　　　　　　　　D. 资金周转法

E. 系数估算法

【答案】AC

【解析】计算和确定概、预算造价的方法包括单价法和实物法。

6. 市政工程计价方法具有多样性特征。计算和确定投资估算造价的方法包括（　　）。

A. 单价法　　　　　　　　　　　　　B. 设备系数法

C. 实物法　　　　　　　　　　　　　D. 资金周转法

E. 系数估算法

【答案】BDE

【解析】市政工程计价方法具有多样性特征。计算和确定投资估算造价的方法包括设备系数法、资金周转法、系数估算法。

7. 市政工程造价的计价依据包括（   ）。

A. 计算设备和工程量依据

B. 计算人工材料机械等实物消耗量依据

C. 计算工程量单价的价格依据

D. 计算直接费和工程建设其他费用的依据

E. 政府规定的税费

【答案】ABCE

【解析】计算直接费和工程建设其他费用的依据不属于市政工程造价的计价依据。

8. 机械台班使用定额包括（   ）。

A. 准备和结束时间   B. 基本工作时间

C. 辅助工作时间   D. 窝工时间

E. 休息时间

【答案】ABCE

【解析】机械台班使用定额包括准备和结束时间、基本工作时间、辅助工作时间、不可避免的中断时间及使用机械的工人生理需要与休息时间。

9. 预算定额的作用有（   ）。

A. 是确定市政工程造价的基础   B. 是编制施工组织设计的依据

C. 是工程结算的依据   D. 是施工单位进行经济活动分析的依据

E. 是编制概算定额的基础

【答案】ABCE

【解析】预算定额的作用有：是确定市政工程造价的基础；是编制施工组织设计的依据；是工程结算的依据；是编制概算定额的基础。

10. 编制施工图预算时，为了准确地计算工程量，应遵循的原则有（   ）。

A. 计算口径要一致   B. 计量单位要一致

C. 严格执行定额中的工程量计算规格   D. 编制施工图预算分析表

E. 编制工料分析表

【答案】ABC

【解析】编制施工图预算时，为了准确地计算工程量，应遵循的原则有：计算口径要一致；计量单位要一致；严格执行定额中的工程量计算规格。

11. 工程量清单计价的特点有（   ）。

A. 满足竞争的需要   B. 竞争条件平等

C. 有利于工程款的拨付   D. 有利于避免风险

E. 有利于建设单位对投资的控制

【答案】ABCE

【解析】工程量清单计价的特点有：满足竞争的需要；竞争条件平等；有利于工程款的拨付；有利于建设单位对投资的控制。

12. 工程量清单的编制依据有（　　）。

A. 建设工程设计文件　　　　　　　B. 相关标准、规范

C. 投标文件及其补充文件　　　　　D. 施工现场情况

E. 工程特点及常规施工方案

【答案】ABDE

【解析】投标文件及其补充文件不属于工程量清单的编制依据。

四、案例题

1. 背景资料：某个使用国有资金投资的建设工程项目，采用资格后审和工程量清单方式招标。承包商在购买标书后，对报价部分采取了如下计算方法，工程量直接使用清单数量，价格使用某定额站的信息价格，所有组价完成后，按规定时间报送招标单位。

（1）判断题

① 工程量清单计价的合同价款的调整方式包括变更签证和政策性调整等。

【答案】错误

【解析】工程量清单计价的合同价款的调整方式主要是索赔。

（2）单选题

① 使用国有资金投资的建设工程发承包，必须采用（　　）计价。

A. 施工定额　　　　　　　　　　　B. 预算定额

C. 概算定额　　　　　　　　　　　D. 工程量清单

【答案】D

【解析】使用国有资金投资的建设工程发承包，必须采用工程量清单计价。

（3）多选题

① 工程量清单计价的特点有（　　）。

A. 满足竞争的需要　　　　　　　　B. 竞争条件平等

C. 有利于工程款的拨付　　　　　　D. 有利于避免风险

E. 有利于建设单位对投资的控制

【答案】ABCE

【解析】工程量清单计价的特点有：满足竞争的需要；竞争条件平等；有利于工程款的拨付；有利于建设单位对投资的控制。

② 工程量清单的编制依据有（　　）。

A. 建设工程设计文件　　　　　　　B. 相关标准、规范

C. 投标文件及其补充文件　　　　　D. 施工现场情况

E. 工程特点及常规施工方案

【答案】ABDE

【解析】投标文件及其补充文件不属于工程量清单的编制依据。

第八章 市政工程相关的管理规定和标准

一、判断题

1. 高空作业应制订专项安全技术方案和保障措施。

【答案】 正确

【解析】 高空作业应制订专项安全技术方案和保障措施。

2. 大修的城市道路竣工后 3 年内不得挖掘。

【答案】 正确

【解析】 大修的城市道路竣工后 3 年内不得挖掘。

3. 因建设或者其他特殊需要临时占用城市绿化用地须经市政工程行政主管部门同意。

【答案】 错误

【解析】 因建设或者其他特殊需要临时占用城市绿化用地须经城市人民政府城市绿化行政主管部门同意。

4. 工程竣工验收后 10 日内，应向委托部门报送建设工程质量监督报告。

【答案】 错误

【解析】 工程竣工验收后 5 日内，应向委托部门报送建设工程质量监督报告。

5. 分部工程验收应由总监理工程师组织施工单位项目负责人和技术、质量负责人等进行验收。

【答案】 正确

【解析】 分部工程验收应由总监理工程师组织施工单位项目负责人和技术、质量负责人等进行验收。

6. 综合验收结论应由参加验收的各方共同商定，总监理工程师填写。

【答案】 错误

【解析】 综合验收结论应由参加验收的各方共同商定，建设单位填写。

7. 市政工程施工质量验收应在施工单位自检基础上，按照检验批、分项工程、分部工程、单位工程依次进行。

【答案】 正确

【解析】 市政工程施工质量验收应在施工单位自检基础上，按照检验批、分项工程、分部工程、单位工程依次进行。

二、单选题

1. 下列选项中，不属于施工作业人员安全生产的权利的是（　　）。

A. 知情权　　　　　　　　　　B. 建议权

C. 批评权　　　　　　　　　　D. 危险报告权

【答案】 D

【解析】 施工作业人员安全生产的权利有：知情权，建议权，批评权和检举、控告权，拒绝权，紧急避险权。

2. 下列选项中，不属于施工作业人员安全生产的义务的是（　　）。

A. 自律遵规的义务　　　　　　　　　B. 提出建议的义务

C. 接受培训的义务　　　　　　　　　D. 危险报告义务

【答案】B

【解析】施工作业人员安全生产的义务有：自律遵规的义务，接受培训、学习安全生产知识的义务，危险报告义务。

3. 开挖深度超过（　　）m 的基坑的土方开挖工程属于危险性较大的分部分项工程。

A. 2　　　　　　　　　　　　　　　　B. 3

C. 4　　　　　　　　　　　　　　　　D. 5

【答案】B

【解析】开挖深度超过 3m 的基坑的土方开挖工程属于危险性较大的分部分项工程。

4. 新建的城市道路交付使用后（　　）年内不得挖掘。

A. 1　　　　　　　　　　　　　　　　B. 2

C. 3　　　　　　　　　　　　　　　　D. 5

【答案】D

【解析】新建的城市道路交付使用后 5 年内不得挖掘。

5. 大修的城市道路竣工后（　　）年内不得挖掘。

A. 1　　　　　　　　　　　　　　　　B. 2

C. 3　　　　　　　　　　　　　　　　D. 5

【答案】C

【解析】大修的城市道路竣工后 3 年内不得挖掘。

6. 工程竣工验收后（　　）日内，应向委托部门报送建设工程质量监督报告。

A. 3　　　　　　　　　　　　　　　　B. 5

C. 7　　　　　　　　　　　　　　　　D. 10

【答案】B

【解析】工程竣工验收后 5 日内，应向委托部门报送建设工程质量监督报告。

7. 强制性标准监督检查的内容不包括（　　）。

A. 有关工程技术人员是否熟悉、掌握强制性标准

B. 工程项目的规划是否符合强制性标准的规定

C. 工程项目采用的材料是否符合强制性标准的规定

D. 工程中采用的新工艺、新方法是否符合强制性标准的规定

【答案】D

【解析】强制性标准监督检查的内容不包括工程中采用的新工艺、新方法是否符合强制性标准的规定。

8. 竣工验收单位工程质量验收应由（　　）组织。

A. 项目负责人　　　　　　　　　　　B. 项目技术负责人

C. 总监理工程师　　　　　　　　　　D. 建设单位

【答案】D

【解析】竣工验收单位工程质量验收应由建设单位组织。

9. 综合验收结论应由参加验收的各方共同商定，（   ）填写。

A. 项目负责人   B. 项目技术负责人

C. 总监理工程师   D. 建设单位

【答案】D

【解析】综合验收结论应由参加验收的各方共同商定，建设单位填写。

三、多选题

1. 施工作业人员安全生产的权利有（   ）。

A. 知情权   B. 建议权

C. 批评权   D. 危险报告权

E. 紧急避险权

【答案】ABCE

【解析】施工作业人员安全生产的权利有：知情权，建议权，批评权和检举、控告权，拒绝权，紧急避险权。

2. 施工作业人员安全生产的义务有（   ）。

A. 自律遵规的义务   B. 提出建议的义务

C. 接受培训的义务   D. 危险报告义务

E. 保护公共财产的义务

【答案】ACD

【解析】施工作业人员安全生产的义务有：自律遵规的义务，接受培训、学习安全生产知识的义务，危险报告义务。

3. 下列说法正确的有（   ）。

A. 生产经营单位应当对从业人员进行安全生产教育和培训

B. 生产经营单位应多尝试新工艺、新技术

C. 施工前应由项目管理技术人员对相关安全施工的技术要求作出详细说明

D. 建筑施工企业应明确安全技术交底分级的原则

E. 建筑施工企业应组织相关编制人员参与安全技术交底、验收和检查

【答案】ACDE

【解析】生产经营单位采用新工艺、新技术、新材料或者使用新设备，必须了解、掌握其安全技术特性，采取有效的安全防护措施，并对从业人员进行专门的安全生产教育和培训。

4. 下列说法正确的有（   ）。

A. 挖掘城市道路必须经过建设单位的批准

B. 新建的城市道路交付使用后 5 年内不得挖掘

C. 大修的城市道路竣工后 5 年内不得挖掘

D. 经批准挖掘城市道路的，应当在施工现场设置明显标志

E. 经批准临时占用城市道路的，不得损坏城市道路

【答案】ABDE

【解析】大修的城市道路竣工后 3 年内不得挖掘。

5. 建筑工程施工质量验收的基本要求有（　　）。

A. 工程质量的验收均应在施工单位自检合格的基础上进行

B. 检验批的质量应按主控项目验收

C. 对涉及结构安全的重要分部工程应在验收前进行抽样检测

D. 隐蔽工程在隐蔽前应由施工单位通知有关单位进行验收

E. 工程的观感质量应由验收人员现场检查

【答案】ACDE

【解析】建筑工程施工质量验收的基本要求有：工程质量的验收均应在施工单位自检合格的基础上进行；对涉及结构安全的重要分部工程应在验收前进行抽样检测；隐蔽工程在隐蔽前应由施工单位通知有关单位进行验收；工程的观感质量应由验收人员现场检查。

6. 非正常验收的形式有（　　）。

A. 返工更换验收 B. 检测鉴定验收

C. 限制使用验收 D. 设计复核验收

E. 加固处理验收

【答案】ABDE

【解析】非正常验收的形式有：返工更换验收、检测鉴定验收、设计复核验收、加固处理验收。

四、案例题

1. 背景资料：某市政管道工程在施工时，占用了部分城市绿化用地，项目经理部派施工人员进行了铲除。在开挖沟槽的过程中，施工作业人员发现有坍塌的危险，报告管理人员后继续施工。

（1）判断题

① 因建设或者其他特殊需要临时占用城市绿化用地须经市政工程行政主管部门同意。

【答案】错误

【解析】因建设或者其他特殊需要临时占用城市绿化用地须经城市人民政府城市绿化行政主管部门同意。

（2）单选题

① 开挖深度超过（　　）m 的基坑（槽）的土方开挖工程属于危险性较大的分部分项工程。

A. 2 B. 3 C. 4 D. 5

【答案】B

【解析】开挖深度超过 3m 的基坑（槽）的土方开挖工程属于危险性较大的分部分项工程。

（3）多选题

① 施工作业人员安全生产的权利有（　　）。

A. 知情权 B. 建议权

C. 批评权 D. 危险报告权

E. 紧急避险权

【答案】ABCE

【解析】施工作业人员安全生产的权利有：知情权，建议权，批评权和检举、控告权，拒绝权，紧急避险权。

② 施工作业人员安全生产的义务有（   ）。

A. 自律遵规的义务　　　　　　　　B. 提出建议的义务

C. 接受培训的义务　　　　　　　　D. 危险报告义务

E. 保护公共财产的义务

【答案】ACD

【解析】施工作业人员安全生产的义务有：自律遵规的义务，接受培训、学习安全生产知识的义务，危险报告义务。

第九章 工程技术资料与信息管理

一、判断题

1. 施工日志应由项目负责人逐日记载，在工程竣工后由施工单位归档保存。

【答案】错误

【解析】施工日志应由项目负责人或指派专人逐日记载，在工程竣工后由施工单位归档保存。

2. 资源安排与优化的原则是：向关键工作要资源，向非关键工作要时间。

【答案】错误

【解析】资源安排与优化的原则是：向关键工作要时间，向非关键工作要资源。

二、单选题

1. 工程技术资料由（　　）负责编制。

A. 建设单位　　　　　　　　　　B. 监理单位

C. 建设主管部门　　　　　　　　D. 施工单位

【答案】D

【解析】工程技术资料由施工单位负责编制。

2. 工程竣工验收前，应由（　　）提请当地的城建档案管理机构对工程技术资料进行预验收。

A. 建设单位　　　　　　　　　　B. 监理单位

C. 建设主管部门　　　　　　　　D. 施工单位

【答案】A

【解析】工程竣工验收前，应由建设单位提请当地的城建档案管理机构对工程技术资料进行预验收。

3. 施工图结构、工艺、平面布置等有重大改变，或变更部分超过图面的（　　），应当重新绘制竣工图。

A. 1/2　　　　　　　　　　　　B. 1/3

C. 1/4　　　　　　　　　　　　D. 1/5

【答案】B

【解析】施工图结构、工艺、平面布置等有重大改变，或变更部分超过图面的1/3，应当重新绘制竣工图。

4. 工程资料案卷不宜过厚，一般不超过（　　）mm。

A. 20　　　　　　　　　　　　B. 30

C. 40　　　　　　　　　　　　D. 50

【答案】C

【解析】工程资料案卷不宜过厚，一般不超过40mm。

三、多选题

1. 项目信息管理的基本要求有（　　）。

A. 严格的时效性

B. 必要的精度

C. 合理的成本

D. 明确的信息流程

E. 针对性和实用性

【答案】ABCE

【解析】项目信息管理的基本要求有：严格的时效性、必要的精度、合理的成本、针对性和实用性。

2. 项目管理软件的主要模块有（　　）。

A. 网络处理模块

B. 进度跟踪模块

C. 资源安排与优化模块

D. 成本管理模块

E. 报告生成及输出模块

【答案】ACDE

【解析】项目管理软件的主要模块有：网络处理模块、资源安排与优化模块、成本管理模块、报告生成及输出模块。

3. 项目管理软件应用的准备工作中，调查研究采用的主要方法有（　　）。

A. 实际观察

B. 类比法

C. 会议调查

D. 查阅资料

E. 分析预测

【答案】ACDE

【解析】调查研究采用的主要方法有：实际观察、测量与询问；会议调查；查阅资料；计算机检索；信息传递；分析预测。

四、案例题

1. 背景资料：某工程公司中标承包一城市道路施工项目，整个项目实施顺利，在竣工验收前有关部门进行施工技术文件预验收时，发现施工日志日期记录不连续，项目部人员正在补填许多施工过程文件，且工程技术资料不齐全。

（1）判断题

① 施工日志应由项目负责人指派专人逐日记载，在工程竣工后由施工单位归档保存。

【答案】正确

【解析】施工日志应由项目负责人指派专人逐日记载，在工程竣工后由施工单位归档保存。

（2）单选题

① 工程技术资料由（　　）负责编制。

A. 建设单位

B. 监理单位

C. 建设主管部门

D. 施工单位

【答案】D

【解析】工程技术资料由施工单位负责编制。

（3）多选题

① 工程技术资料的内容包括（　　　）。

A. 施工技术文件

B. 物资资料

C. 施工记录

D. 索赔记录

E. 工程质量检验资料

【答案】ABCE

【解析】工程技术资料的内容：1）施工管理资料；2）施工技术文件；3）物资资料、试验部分；4）施工检（试）验报告；5）施工记录；6）测量复核；7）预检记录；8）工程质量检验资料；9）功能性实验记录；10）质量事故报告及处理记录；11）竣工测量和竣工图；12）竣工验收资料。

第十章 计算机和相关资料信息管理软件的应用知识

一、判断题

1. 可以选择直接从"开始"菜单上启动 Office 或者从桌面上启动 Office。

【答案】正确

【解析】可以选择直接从"开始"菜单上启动 Office 或者从桌面上启动 Office。

2. 撤销某操作的同时，也撤销了列表中所有位于它上面的操作。

【答案】正确

【解析】撤销某操作的同时，也撤销了列表中所有位于它上面的操作。

3. AutoCAD 是一个通用计算机绘图软件。

【答案】错误

【解析】AutoCAD 是一个通用计算机辅助设计软件。

4. 绘图菜单是绘制图形最基本、最常用的方法。

【答案】正确

【解析】绘图菜单是绘制图形最基本、最常用的方法。

5. "多行文字"中的各行文字都是作为一个整体处理。

【答案】正确

【解析】"多行文字"中的各行文字都是作为一个整体处理。

6. 在 AutoCAD 中，可以创建多种布局，每个布局都代表一张单独的打印输出图纸。

【答案】正确

【解析】在 AutoCAD 中，可以创建多种布局，每个布局都代表一张单独的打印输出图纸。

7. 建筑工程施工资料管理软件启动后，软件接口分有三个区域。

【答案】正确

【解析】建筑工程施工资料管理软件启动后，软件接口分有三个区域：菜单区、功能按钮和表格编制区。

二、单选题

1. 主要用来进行文本的输入、编辑、排版、打印等工作的是（ ）。

A. Word
B. Excel
C. Access
D. PowerPoint

【答案】A

【解析】Word 主要用来进行文本的输入、编辑、排版、打印等工作。

2. 主要用来进行有繁重计算任务的预算、财务、数据汇总等工作的是（ ）。

A. Word
B. Excel
C. Access
D. PowerPoint

【答案】B

【解析】Excel 主要用来进行有繁重计算任务的预算、财务、数据汇总等工作。

3. 主要用来制作演示文稿和幻灯片及投影片等的是（　　）。

A. Word
B. Excel
C. Access
D. PowerPoint

【答案】D

【解析】PowerPoint 主要用来制作演示文稿和幻灯片及投影片等。

4. （　　）是一个桌面数据库系统及数据库应用程序。

A. Word
B. Excel
C. Access
D. PowerPoint

【答案】C

【解析】Access 是一个桌面数据库系统及数据库应用程序。

5. （　　）是一个桌面信息管理的应用程序。

A. Outlook
B. FrontPage
C. Access
D. PowerPoint

【答案】A

【解析】Outlook 是一个桌面信息管理的应用程序。

6. 主要用来制作和发布因特网的 Web 页面的是（　　）。

A. Outlook
B. FrontPage
C. Access
D. PowerPoint

【答案】B

【解析】FrontPage 主要用来制作和发布因特网的 Web 页面。

三、多选题

1. 工程施工资料管理软件主要基本功能和应用有（　　）。

A. 智能评定功能
B. 自动计算功能
C. 验收数据一次生成
D. 填表实例功能
E. 电子档案功能

【答案】ABDE

【解析】工程施工资料管理软件主要基本功能和应用有：智能评定功能、自动计算功能、验收数据逐级生成、填表实例功能、图形编辑器功能、施工日记、电子档案功能。

施工员（市政方向）岗位知识与专业技能试卷

一、判断题（共20题，每题1分）

1. 铲运机适用于道路工程大规模路基施工。

【答案】（   ）

2. 轮胎式摊铺机可在较软的路基上进行摊铺作业。

【答案】（   ）

3. 现场无降水条件时，宜采用土压平衡或泥水平衡顶管机施工。

【答案】（   ）

4. 单项工程施工组织设计是以分部分项工程或专项工程为主要对象编制的施工技术与组织方案。

【答案】（   ）

5. 专项方案经审核合格，应由项目经理签字。

【答案】（   ）

6. 施工测量既是保证市政工程施工质量的重要环节，又是提高市政工程安全性和耐久性的基本保证。

【答案】（   ）

7. 横道图总体表示了各施工过程所需的工期和总工期，并综合反映了各单位工程相互间的关系。

【答案】（   ）

8. 对技术文件的审核，是项目技术负责人对工程质量进行全面控制的重要手段。

【答案】（   ）

9. 同一结构类型的附属构筑物不大于10个为一个验收批。

【答案】（   ）

10. 当混凝土的裂缝宽度较深时，应采取灌浆修补法进行处理。

【答案】（   ）

11. 深基坑指开挖深度超过5m的沟槽和基坑。

【答案】（   ）

12.5级以上大风天气不能进行大模板拼装和吊装作业。

【答案】（   ）

13. 凡在坠落高度基准面3m以上有可能坠落的高处进行的作业均称为高处作业。

【答案】（   ）

14. 施工现场未经处理的废水不得直接排入市政雨污水管网。

【答案】（   ）

15. 在施工项目成本的构成中，材料设备成本占项目成本的比例最大，一般情况下达到50%～60%左右。

【答案】（　　）

16. 施工图纸是编制预算的主要依据，经批准的初步设计概算书，是工程投资的最优价。

【答案】（　　）

17. 因建设或者其他特殊需要临时占用城市绿化用地须经市政工程行政主管部门同意。

【答案】（　　）

18. 施工日志应由项目负责人逐日记载，在工程竣工后由施工单位归档保存。

【答案】（　　）

19. AutoCAD 是一个通用计算机绘图软件。

【答案】（　　）

20. 建筑工程施工资料管理软件启动后，软件接口分有三个区域。

【答案】（　　）

二、单选题（共 40 题，每题 1 分）

21. 湿地或沼泽地施工作业时应选用（　　）推土机。
   A. 直铲式　　　　　　　　　　　B. 角铲式
   C. 通用型　　　　　　　　　　　D. 专用型

22. 推土机的主要技术性能不包括（　　）。
   A. 发动机的额定功率　　　　　　B. 铲刀体积
   C. 最大牵引力　　　　　　　　　D. 铲刀宽度

23. 下列选项中，不属于摊铺机按用途分类的是（　　）。
   A. 沥青混合料摊铺机　　　　　　B. 多功能摊铺机
   C. 基层混合料摊铺机　　　　　　D. 履带式摊铺机

24. 下列选项中，不属于压路机的主要技术参数的是（　　）。
   A. 工作质量　　　　　　　　　　B. 压路机质量的分配
   C. 振动频率　　　　　　　　　　D. 振动轮质量

25. 旋挖钻机不适用于以下哪种介质（　　）。
   A. 黏土　　　　　　　　　　　　B. 粉土
   C. 卵石土　　　　　　　　　　　D. 淤泥质土

26. 塔吊拆装时，风力达到（　　）级以上不得进行顶升作业。
   A. 三　　　　　　　　　　　　　B. 四
   C. 五　　　　　　　　　　　　　D. 六

27. 在土质条件较好、地表沉降要求不高、无须降水或有条件将地下水位降至管道外底面以下不小于（　　）m 处时，可选用敞口式顶管机。
   A. 0.3　　　　　　　　　　　　　B. 0.4
   C. 0.5　　　　　　　　　　　　　D. 0.6

28. 夯管施工时，穿越管道直径宜为（　　）。
   A. $\phi100\sim\phi1600$　　　　　　　B. $\phi219\sim\phi1600$
   C. $\phi100\sim\phi1000$　　　　　　　D. $\phi219\sim\phi1000$

29. 图纸会审的初审应由（　　）组织有关人员参加。

A. 施工项目部   B. 项目经理

C. 建设单位   D. 企业技术负责人

30. 主要材料需求计划是根据（   ）和施工进度计划编制的。

A. 施工进度计划   B. 招投标文件

C. 工程设计文件   D. 工程项目工料分析

31. 文明施工和环境保护措施不包括（   ）。

A. 文明施工和环境保护的目标   B. 文明施工和环境保护的管理网络

C. 文明施工和环境保护的管理措施   D. 文明施工和环境保护的资金保证措施

32. 施工组织总设计应由（   ）审批。

A. 总承包单位技术负责人   B. 项目经理

C. 施工单位技术负责人   D. 项目部技术负责人

33. （   ）是施工方案的核心内容，具有决定性作用。

A. 施工顺序   B. 四新技术措施

C. 施工方法   D. 质量保证方案

34. 施工材料的选择，首先应考虑（   ）。

A. 质量应满足设计要求   B. 价格合理

C. 与施工机具配合   D. 运输储存成本

35. 下列专业工程实行分包，其专项方案不能由专业承包单位组织编制的是（   ）。

A. 高支架模板工程   B. 起重机械安装拆卸工程

C. 深基坑工程   D. 附着式升降脚手架工程

36. 施工进度计划的编制依据不包括（   ）。

A. 工程的施工图纸   B. 施工合同文件

C. 工程项目施工总进度计划   D. 施工方案

37. 确定劳动量和机械台班量不包括（   ）。

A. 工程量   B. 施工方法

C. 预算定额   D. 施工定额

38. 市政工程作为一种特殊的产品，有一些自己的特点，下列不属于其特点的是（   ）。

A. 适用性   B. 耐久性

C. 安全性   D. 结构性

39. 下列选项中，不属于施工过程质量控制的主要工作的是（   ）。

A. 验收批的自检、互检   B. 监理工程师的旁站检查和验收

C. 隐蔽工程验收   D. 准备竣工验收资料

40. 下列不属于物理力学性能检验的是（   ）。

A. 抗拉强度   B. 含水量

C. 安定性   D. 抗腐蚀性

41. 对于暗挖与现浇施工管道，盾构掘进每（   ）环为一个验收批。

A. 50   B. 80

C. 100   D. 200

42. 事故发生后，（   ）应立即向企业负责人和工程建设单位负责人报告事故的状况。

A. 第一发现人   B. 旁站监理

C. 项目技术负责人   D. 项目经理

43. 下列关于脚手架材质的要求，说法错误的是（   ）。

A. 脚手架用钢管应采用外径不小于 48mm 的钢管

B. 钢管的壁厚不小于 3.5mm

C. 必须选用无锈蚀的钢管

D. 钢管不允许有裂纹

44. 基础及地下工程模板安装，槽上口边沿（   ）m 以内不得堆放模板及材料。

A. 1.0   B. 1.5

C. 1.8   D. 2.0

45. 下列关于模板工程的说法中错误的是（   ）。

A. 模板或成材的堆垛高一般不高于 1.8m

B. 场地的设置应避开高压线路

C. 模板施工前项目技术负责人应向有关作业人员进行安全交底

D. 在支架模板上施工作业时堆物不宜过多

46. 深度超过（   ）m 的基坑应设置密目式安全网做封闭式防护。

A. 2   B. 3

C. 5   D. 8

47. 单导梁组安装时，各节点应连接牢固，在桥跨中推进时，悬臂部分不得超过已拼好导梁全长度的（   ）。

A. 1/2   B. 1/3

C. 1/4   D. 1/4

48. 所管辖区域范围内安全生产第一负责人是（   ）。

A. 项目技术负责人   B. 项目负责人

C. 安全生产管理人员   D. 施工员

49. 土木工程、线路工程、设备安装工程安装合同价配备专职安全员。1 亿元以上的工程不少于（   ）个。

A. 1   B. 2

C. 3   D. 4

50. 下列选项中，不属于项目部安全检查形式的是（   ）。

A. 定期检查   B. 不定期检查

C. 日常性检查   D. 专项检查

51. （   ）工作通常由企业和项目部共同完成，属于企业与项目部经营指标签约的基础工作。

A. 成本预测   B. 成本计划

C. 成本实施   D. 成本控制与调整

52. 施工成本控制中最具有实质性的步骤是（   ）。

A. 比较   B. 分析

C. 预测   D. 纠偏

53. 为完成工程项目施工，发生于该工程施工前和施工过程中非工程实体项目的费用是（　　）。

A. 企业管理费 　　　　　　　　　B. 直接工程费

C. 措施费 　　　　　　　　　　　D. 规费

54. 管理人员的基本工资属于（　　）。

A. 直接费 　　　　　　　　　　　B. 直接人工费

C. 措施费 　　　　　　　　　　　D. 企业管理费

55. 计算市政工程产品价格的基础是（　　）。

A. 清单计价 　　　　　　　　　　B. 施工定额

C. 劳动定额 　　　　　　　　　　D. 预算定额

56. 下列选项中，不属于施工作业人员安全生产的义务的是（　　）。

A. 自律遵规的义务 　　　　　　　B. 提出建议的义务

C. 接受培训的义务 　　　　　　　D. 危险报告义务

57. 工程竣工验收后（　　）日内，应向委托部门报送建设工程质量监督报告。

A. 3 　　　　　　　　　　　　　B. 5

C. 7 　　　　　　　　　　　　　D. 10

58. 施工图结构、工艺、平面布置等有重大改变，或变更部分超过图面的（　　），应当重新绘制竣工图。

A. 1/2 　　　　　　　　　　　　B. 1/3

C. 1/4 　　　　　　　　　　　　D. 1/5

59. （　　）是一个桌面信息管理的应用程序。

A. Outlook 　　　　　　　　　　B. FrontPage

C. Access 　　　　　　　　　　　D. PowerPoint

60. 主要用来制作和发布因特网的 Web 页面的是（　　）。

A. Outlook 　　　　　　　　　　B. FrontPage

C. Access 　　　　　　　　　　　D. PowerPoint

三、多选题（共 20 题，每题 2 分，选错项不得分，选不全得 1 分）

61. 装载机是施工现场作业效率较高的铲装机械，可用于（　　）。

A. 铲装散装物料 　　　　　　　　B. 平整场地

C. 短距离装运物料 　　　　　　　D. 开挖路堑

E. 牵引

62. 轮胎式摊铺机的缺点有（　　）。

A. 驱动力矩较小 　　　　　　　　B. 行驶速度低

C. 对路面平整度的敏感性较强 　　D. 不能很快地自行转移工地

E. 料斗内材料多少的改变将影响后驱动轮胎的变形量

63. 夯管施工不适用于（　　）土质。

A. 岩石 　　　　　　　　　　　　B. 黏土

C. 砾石 　　　　　　　　　　　　D. 砂

E. 粉土

64. 施工准备制度中的技术准备包括（　　）。

A. 编制施工预算
B. 编制施工组织设计
C. 构筑物的定位
D. 试配的技术准备
E. 搭设必要的暂设工程

65. 技术质量管理部门负责人岗位责任包括（　　）。

A. 组织编制项目施工组织设计和施工方案
B. 主持图纸会审和安全技术交底
C. 组织编制施工质量和安全的技术措施
D. 负责技术总结
E. 主持技术会议，处理重大施工技术质量问题

66. 施工现场准备包括（　　）。

A. 办理工程开工许可等手续
B. 安排好施工现场的"三通一平"
C. 落实生产和生活暂设建设
D. 做好施工人员的安全教育
E. 做好测量控制点交接

67. 在确定施工阶段时，应注意的问题包括（　　）。

A. 施工阶段的划分应与施工方法相一致
B. 施工阶段划分的粗细程度主要根据分部分项工程施工进度计划所起的客观作用
C. 适当简化施工进度计划内容，突出重点，施工过程划分应尽量细
D. 所有施工阶段应大致按照施工顺序先后排列
E. 施工阶段的划分一定要结合工程结构特点

68. 市政工程作为一种特殊的产品，有以下哪些方面的特点（　　）。

A. 适用性
B. 耐久性
C. 安全性
D. 可靠性
E. 结构性

69. 现场质量检查的方法有（　　）。

A. 目测法
B. 对比法
C. 试验法
D. 实测法
E. 无损检测法

70. 施工质量事故处理时，一般可不作专门处理的情况有（　　）。

A. 不影响结构安全、生产工艺和使用要求的
B. 下道分项工程可以弥补的质量缺陷
C. 法定检测单位鉴定合格的
D. 经过建设单位检查后同意的
E. 构筑物出现的质量缺陷，经检测鉴定达不到设计要求，但经原设计单位核算仍能满足结构安全和使用功能的

71. 脚手架工程包括（　　）。

A. 搭设高度在 10m 以上的落地式脚手架
B. 搭设高度在 20m 以上的落地式脚手架
C. 悬挑脚手架
D. 高度在 6.5m 以上的满堂红脚手架

E. 附着式整体提升脚手架

72. 在脚手架使用过程中，应定期对脚手架及其地基基础进行检查和维护。特别是下列情况下，必须进行检查（　　）。

A. 作业层上施工加荷载前　　　　　　B. 遇大雨或六级大风后

C. 寒冷地区开冻后　　　　　　　　　D. 停用时间超过三个月

E. 有倾斜、下沉等现场时

73. 施工现场必须设置文明施工铭牌，其内容一般包括（　　）。

A. 工程名称　　　　　　　　　　　　B. 施工范围

C. 企业法人　　　　　　　　　　　　D. 建设单位

E. 竣工日期

74. 施工项目成本中的直接成本包括（　　）。

A. 人工费　　　　　　　　　　　　　B. 材料费

C. 机械使用费　　　　　　　　　　　D. 工程排污费

E. 税金

75. 纠偏是施工成本控制中最具有实质性的步骤，纠偏可采用（　　）。

A. 组织措施　　　　　　　　　　　　B. 经济措施

C. 技术措施　　　　　　　　　　　　D. 人员措施

E. 合同措施

76. 市政工程造价主要具有的计价特征有（　　）。

A. 单件性计价　　　　　　　　　　　B. 周期性计价

C. 多次性计价　　　　　　　　　　　D. 综合性计价

E. 规模性计价

77. 机械台班使用定额包括（　　）。

A. 准备和结束时间　　　　　　　　　B. 基本工作时间

C. 辅助工作时间　　　　　　　　　　D. 窝工时间

E. 休息时间

78. 工程量清单计价的特点有（　　）。

A. 满足竞争的需要　　　　　　　　　B. 竞争条件平等

C. 有利于工程款的拨付　　　　　　　D. 有利于避免风险

E. 有利于建设单位对投资的控制

79. 施工作业人员安全生产的义务有（　　）。

A. 自律遵规的义务　　　　　　　　　B. 提出建议的义务

C. 接受培训的义务　　　　　　　　　D. 危险报告义务

E. 保护公共财产的义务

80. 项目管理软件应用的准备工作中，调查研究采用的主要方法有（　　）。

A. 实际观察　　　　　　　　　　　　B. 类比法

C. 会议调查　　　　　　　　　　　　D. 查阅资料

E. 分析预测

施工员（市政方向）岗位知识与专业技能试卷答案与解析

一、判断题（共 20 题，每题 1 分）

1. 正确

【解析】在道路工程大规模路基施工时，铲运机可以依次连续完成铲土、装土、运土、铺卸和整平等五个工序。

2. 错误

【解析】履带式摊铺机可在较软的路基上进行摊铺作业。

3. 正确

【解析】现场无降水条件时，宜采用土压平衡或泥水平衡顶管机施工。

4. 错误

【解析】施工方案是以分部分项工程或专项工程为主要对象编制的施工技术与组织方案。

5. 错误

【解析】专项方案应按有关规定报送审核、论证。经审核合格，由技术负责人签字。

6. 错误

【解析】试验与检测既是保证市政工程施工质量的重要环节，又是提高市政工程安全性和耐久性的基本保证。

7. 错误

【解析】横道图总体表示了各施工过程所需的工期和总工期，并综合反映了各分部分项工程相互间的关系。

8. 错误

【解析】对技术文件的审核，是项目负责人对工程质量进行全面控制的重要手段。

9. 正确

【解析】同一结构类型的附属构筑物不大于 10 个为一个验收批。

10. 正确

【解析】当混凝土的裂缝宽度较深时，应采取灌浆修补法进行处理。

11. 错误

【解析】深基坑指开挖深度超过 5m 的沟槽和基坑，或深度虽未超过 5m，但沟槽和基坑开挖影响范围内有重要建筑物、住宅楼或有需要严加保护的市政管线的基坑。

12. 错误

【解析】5 级以上大风天气不宜进行大模板拼装和吊装作业。

13. 错误

【解析】凡在坠落高度基准面 2m 以上有可能坠落的高处进行的作业均称为高处作业。

14. 正确

【解析】施工现场未经处理的废水不得直接排入市政雨污水管网。

15. 错误

【解析】在施工项目成本的构成中，材料设备成本占项目成本的比例最大，一般情况下达到 $60\% \sim 70\%$ 左右。

16. 错误

【解析】施工图纸是编制预算的主要依据，经批准的初步设计概算书，是工程投资的最高限价。

17. 错误

【解析】因建设或者其他特殊需要临时占用城市绿化用地须经城市人民政府城市绿化行政主管部门同意。

18. 错误

【解析】施工日志应由项目负责人或指派专人逐日记载，在工程竣工后由施工单位归档保存。

19. 错误

【解析】AutoCAD 是一个通用计算机辅助设计软件。

20. 正确

【解析】建筑工程施工资料管理软件启动后，软件接口分有三个区域：菜单区、功能按钮和表格编制区。

二、单选题（共 40 题，每题 1 分）

21. D

【解析】湿地或沼泽地施工作业时应选用专用型推土机。

22. B

【解析】推土机的主要技术性能包括发动机的额定功率、机重、最大牵引力和铲刀的宽度及高度等。

23. D

【解析】摊铺机按用途可以分为沥青混合料摊铺机、多功能摊铺机和基层混合料摊铺机。

24. D

【解析】压路机的主要技术参数有：工作质量、压路机质量的分配、线载荷、振动频率、振幅、激振力、振动轮的宽度与直径。

25. C

【解析】旋挖钻机一般适用于黏土、粉土、砂土、淤泥质土、人工回填土及含有部分卵石、碎石地层中等硬度风化岩层。

26. B

【解析】塔吊拆装时，风力达到四级以上不得进行顶升作业。

27. C

【解析】在土质条件较好、地表沉降要求不高、无须降水或有条件将地下水位降至管道外底面以下不小于 0.5m 处时，可选用敞口式顶管机。

28. B

【解析】夯管施工时，穿越管道直径宜为 $\phi 219 \sim \phi 1600$。

29. A

【解析】图纸会审的初审应由施工项目部组织有关人员参加。

30. D

【解析】主要材料需求计划是根据工程项目工料分析和施工进度计划编制的。

31. D

【解析】文明施工和环境保护措施不包括文明施工和环境保护的资金保证措施。

32. A

【解析】施工组织总设计应由总承包单位技术负责人审批。

33. C

【解析】施工方法是施工方案的核心内容，具有决定性作用。

34. A

【解析】施工材料的选择，首先是质量应满足设计要求或规范规定。

35. A

【解析】起重机械安装拆卸工程、深基坑工程、附着式升降脚手架等专业工程实行分包的，其专项方案可由专业承包单位组织编制。

36. B

【解析】施工进度计划的编制依据包括：工程的施工图纸、工程项目施工总进度计划、施工方案等。

37. C

【解析】劳动量和机械台班量是根据各施工项目的工程量、施工方法和现行的施工定额，并结合当时当地的具体情况加以确定。

38. D

【解析】市政工程作为一种特殊的产品，具有的特点有：适用性、耐久性、安全性、可靠性、经济性、与环境的协调性。

39. D

【解析】属于施工过程质量控制的主要工作的有：验收批的自检、互检，监理工程师的旁站检查和验收，隐蔽工程验收等。

40. D

【解析】属于物理力学性能检验的是：抗拉强度、含水量、安定性等。

41. C

【解析】对于暗挖与现浇施工管道，盾构掘进每100环为一个验收批。

42. D

【解析】事故发生后，项目经理应立即向企业负责人和工程建设单位负责人报告事故的状况。

43. C

【解析】脚手架材质的要求中，钢管应无严重锈蚀。

44. A

【解析】基础及地下工程模板安装，槽上口边沿1m以内不得堆放模板及材料。

45. C

【解析】模板施工前，现场施工负责人应向有关作业人员进行安全交底。

46. A

【解析】深度超过 2m 的基坑应设置密目式安全网做封闭式防护。

47. B

【解析】单导梁组安装时，各节点应连接牢固，在桥跨中推进时，悬臂部分不得超过已拼好导梁全长度的 1/3。

48. D

【解析】施工员是所管辖区域范围内安全生产第一负责人。

49. C

【解析】土木工程、线路工程、设备安装工程安装合同价配备专职安全员。1 亿元以上的工程不少于 3 个。

50. B

【解析】项目部安全检查可分为定期检查、日常性检查、专项检查、季节性检查等多种形式。

51. A

【解析】成本预测工作通常由企业和项目部共同完成，属于企业与项目部经营指标签约的基础工作。

52. D

【解析】纠偏是施工成本控制中最具有实质性的步骤。

53. C

【解析】措施费是指为完成工程项目施工，发生于该工程施工前和施工过程中非工程实体项目的费用。

54. D

【解析】管理人员的基本工资属于企业管理费。

55. D

【解析】预算定额是计算市政工程产品价格的基础。

56. B

【解析】施工作业人员安全生产的义务有：自律遵规的义务，接受培训、学习安全生产知识的义务，危险报告义务。

57. B

【解析】工程竣工验收后 5 日内，应向委托部门报送建设工程质量监督报告。

58. B

【解析】施工图结构、工艺、平面布置等有重大改变，或变更部分超过图面的 1/3，应当重新绘制竣工图。

59. A

【解析】Outlook 是一个桌面信息管理的应用程序。

60. B

【解析】FrontPage 主要用来制作和发布因特网的 Web 页面。

三、多选题（共 20 题，每题 2 分，选错项不得分，选不全得 1 分）

61. ABCE

【解析】装载机是施工现场作业效率较高的铲装机械，可用于铲装土、砂石、石灰、路基材料等散装物料，还可用于清理、平整场地、短距离装运物料、牵引和配合运输车辆装卸等作业。

62. ACE

【解析】轮胎式摊铺机的缺点有：工作时驱动力矩较小，易于打滑，造成作业驱动力矩不够；对路面平整度的敏感性较强；料斗内材料多少的改变将影响后驱动轮胎的变形量，从而影响铺层的质量等。

63. ACD

【解析】夯管施工适用于岩石、砾石、砂以外的各种土质。

64. ABCE

【解析】施工准备制度中的技术准备包括：会审与学习图纸、编制施工预算、编制施工组织设计、构筑物的定位、放线、引水准控制点、使用材料、构件、机具陆续进场；搭设必要的暂设工程；技术、安全交底；做好分部分项工程前后交接工作；季节施工作业准备。

65. ABCD

【解析】技术质量管理部门负责人岗位责任包括：组织编制项目施工组织设计和施工方案；主持图纸会审和安全技术交底；组织编制施工质量和安全的技术措施；负责技术总结等。

66. ABCE

【解析】施工现场准备包括：办理工程开工许可等手续，安排好施工现场的"三通一平"，落实生产和生活暂设建设，做好测量控制点交接等。

67. ADE

【解析】在确定施工阶段时，应注意的问题包括：施工阶段的划分应与施工方法相一致；所有施工阶段应大致按照施工顺序先后排列；施工阶段的划分一定要结合工程结构特点等。

68. ABCD

【解析】市政工程作为一种特殊的产品，具有的特点有：适用性、耐久性、安全性、可靠性、经济性、与环境的协调性。

69. ACD

【解析】现场质量检查的方法有目测法、实测法和试验法三种。

70. ABCE

【解析】施工质量事故处理时，一般可不作专门处理的情况有：不影响结构安全、生产工艺和使用要求的，下道分项工程可以弥补的质量缺陷，法定检测单位鉴定合格的，构筑物出现的质量缺陷，经检测鉴定达不到设计要求，但经原设计单位核算仍能满足结构安全和使用功能的等。

71. BCE

【解析】脚手架工程包括：搭设高度在 20m 以上的落地式脚手架；悬挑脚手架；高度

在 6.5m 以上、均布荷载大于 3kN/m² 的满堂红脚手架；附着式整体提升脚手架。

72. ABCE

【解析】停用时间超过一个月。

73. ABDE

【解析】施工现场必须设置文明施工铭牌，其内容一般包括：工程名称、施工范围、建设单位、竣工日期等。

74. ABC

【解析】施工项目成本中的直接成本包括人工费、材料费、机械使用费、其他直接费。

75. ABCE

【解析】纠偏是施工成本控制中最具有实质性的步骤，纠偏可采用组织措施、经济措施、技术措施和合同措施等。

76. ACD

【解析】市政工程造价主要具有的计价特征有：单件性计价、多次性计价、综合性计价。

77. ABCE

【解析】机械台班使用定额包括准备和结束时间、基本工作时间、辅助工作时间、不可避免的中断时间及使用机械的工人生理需要与休息时间。

78. ABCE

【解析】工程量清单计价的特点有：满足竞争的需要；竞争条件平等；有利于工程款的拨付；有利于建设单位对投资的控制。

79. ACD

【解析】施工作业人员安全生产的义务有：自律遵规的义务，接受培训、学习安全生产知识的义务，危险报告义务。

80. ACDE

【解析】调查研究采用的主要方法有：实际观察、测量与询问；会议调查；查阅资料；计算机检索；信息传递；分析预测。